사이언스툰 과학자들 3

김재훈 지음

사이언스툰 과학자들 3

라부아지에부터 패러데이까지

책을 시작하기에 앞서

현대 사회는 과학이라는 이름 아래 모든 것이 설명된다고 해도 과언이 아닙니다. "과학적이다" 또는 "과학적이지 않다"라는 말 한마디로 모든 것이 판단되거나 설명되곤 합니다. 사람들은 은하계 너머의 먼 우주는 고사하고, 태양계에 속한 비교적 가까운 행성조차 직접 볼 수 없습니다. 그래도 과학자들이 계산한 별들의 운동 법칙을 신뢰하고 허블망원경이 전송해 준 사진을 믿어 의심치 않습니다. 어떠한 논쟁에서도 과학적이고 실증적인 근거를 많이 제시하는 쪽이 결국 승자가 되는 걸 당연시합니다.

오늘날 과학은 중세 서구 세계의 인식을 지배했던 계시의 로고스와 비교해도 그 권위가 결코 뒤지지 않습니다. 과학적 이성이 19세기를 지나 20세기를 관통하면서 세계관과 인류의 영혼에까지 침투하는 가공할 위력을 발휘할 때, 후설 같은 몇몇 철학자들은 실증주의에 천착하는 사유의 위험을 경고하기도 했습니다. 그러나 이미 대세는 기울었습니다. 대중은 관념이니 선험이니 하는 철학보다 스마트한 과학을 선택했습니다. 과거, 생각하는 철학자들이 사유의 일부분으로 다루었던 자연철학이 학문의 옥좌를 차지한 것입니다.

현대 사회에서는 종교도 비과학적이라는 이유로 비판받기도 합니다. 종교보다 과학이 우선하는 시대죠. 하지만 종교가 과학보다 우선이던 시대가 있었습니다. 오로지 신의 말씀과 그 대리인 격인 성직자의 가르침을 신뢰하고,

과학을 비종교적이고 비합리적이라는 이유를 들어 비난하거나 조롱하던 시대가 아주 멀리 있었던 것은 아닙니다. 그 시간 속에서 많은 사상가는 철학자이자 과학자였고, 투사이기도 했습니다. 고대의 자연철학자들부터 20세기 과학자들에 이르는 일화를 소개하는《사이언스툰 과학자들》은, 어쩌면 세계의 원리와 현상을 이해하는 자신들의 방식을 알리기 위해 지난한 투쟁의 세월을 겪고 끝내 학문의 주역이 된 이들의 연대기일지도 모르겠습니다.

과학보다는 인문학에 더 친숙했던 사람이 과학 이야기를 그린다는 것이 쉬운 일은 아니었습니다. 하지만 나와는 전혀 상관없을 것 같던 과학을 역사와 인물로 접근하니 이야기로 풀어갈 수 있다는 자신감이 생겼습니다. 그래서 이 책이 탄생하게 되었습니다.

앞으로 여러분은《사이언스툰 과학자들》에서 오늘의 과학 세계를 만든 50명의 과학자를 시대 순으로 차근차근 만나게 될 것입니다. 3권은 18세기를 장식한 과학자 11명이 등장합니다. 18세기에는 화학이 눈부시게 발전했습니다. 이산화탄소, 산소 등 여러 기체의 발견과 함께 화학혁명의 시대가 열렸고, 돌턴, 라부아지에 등 과학자들은 물질의 기본 입자와 화학반응에 대한 놀라운 사실들을 앞다퉈 밝혀냈습니다. 한편 전기의 비밀이 조금씩 풀리기 시작하다가, 패러데이가 전자기학에서 큰 도약을 이룸과 동시에 새로운 세기가 시작되었습니다. 교과서에서 익히 만나왔지만 정작 자세히 알지는 못했던 과학자들이 주인공이 되어 자신의 이야기를 직접 들려줄 텐데요. 건조하기만 했던 여러 이론과 법칙이 나와 비슷하고도 다른 '인간'들의 삶 속에서 탄생하는 순간을 마주하다 보면, 과학이 전과 달리 좀 더 친근하게 느껴질 것입니다. 그럼 지금부터 2,500년 과학사를 추동해 온 위대하고도 인간적인 과학자들을 함께 만나러 가봅시다.

2023년 9월

김재훈

"자연의 법칙과 일치만 한다면,
진실만큼 아름다운 것은 없다."

— 마이클 패러데이

눈에 보이는 것은 설명하기 쉽습니다.

수를 세거나 위치를 파악할 수도 있죠.

하지만 보이지 않는 물질과 현상은 어떻게 해야 할까요?

볼 수 없는 입자의 모형과 성질을 가정하고

전기의 정체를 밝히기 위해 고군분투한

과학자들의 실험은 계속되었습니다.

차례

01
전기의 비밀을 푼 사람들

벤저민 프랭클린

Benjamin Franklin (1706~1790)

미국의 정치가이자 외교관이며 과학자이다. 번개와 전기의 방전은 동일한 현상이라는 가설을 증명했으며, 전기 흐름에 두 종류의 성질이 있다고 주장했다.

전기의 정체를 밝히고 그 힘을 이용하기까지
과학의 여정에는 많은 선구자가 등장합니다.
고대 그리스의 철학자 탈레스에서부터
네덜란드의 과학자 뮈스헨브룩,
미국의 벤저민 프랭클린 등에 이르기까지
정전기의 비밀을 풀고 번개와 벼락의 원리를
연구하면서 그들이 거둔 결실은
본격적인 전자기 시대의 초석이 되었습니다.

오랜 시간 송진이 굳어 만들어진 호박, 번개, 개구리 뒷다리.
이것들은 모두 한 가지 현상에 관련되어 있습니다.

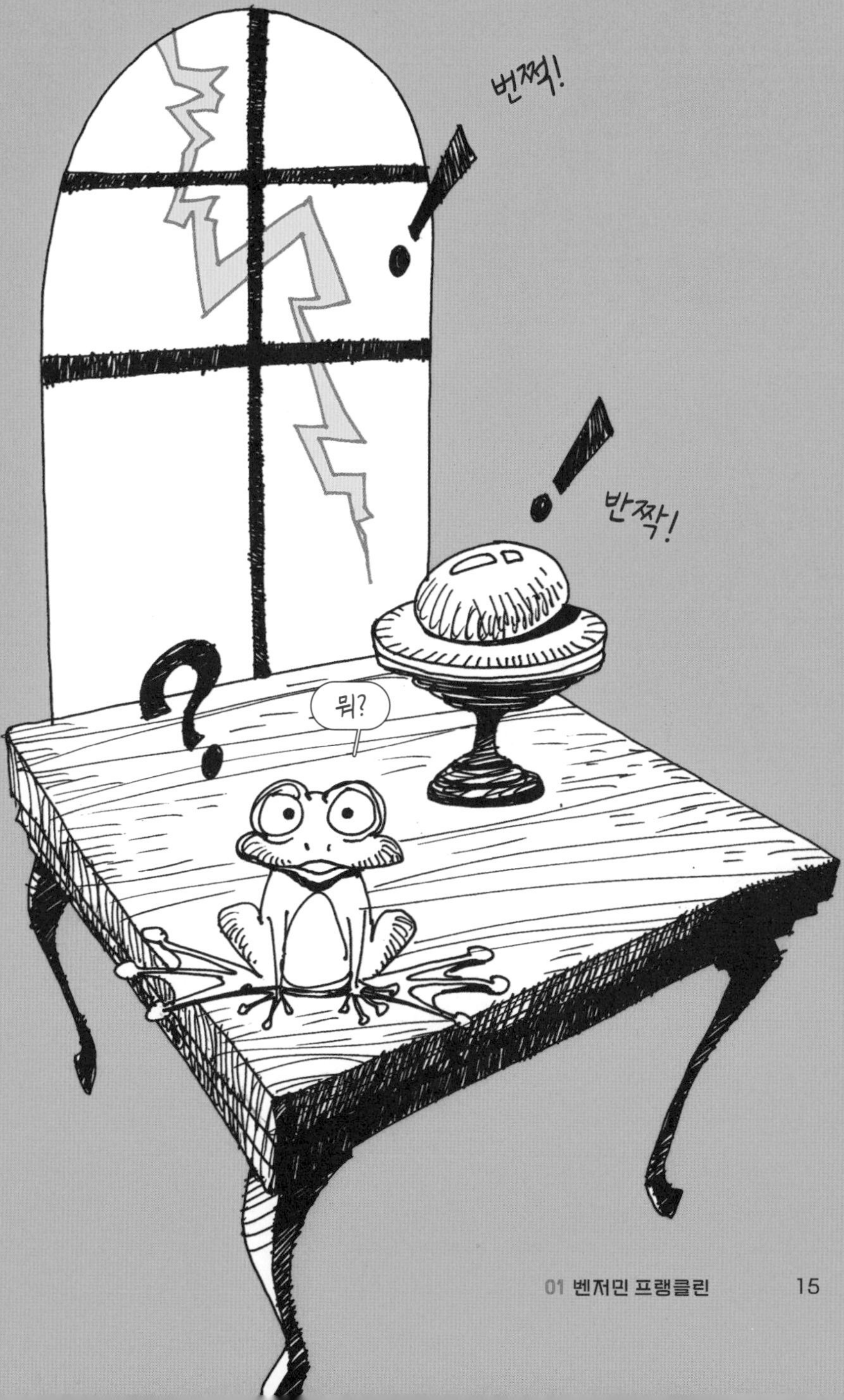
번쩍!
반짝!
뭐?

바로 전기입니다.

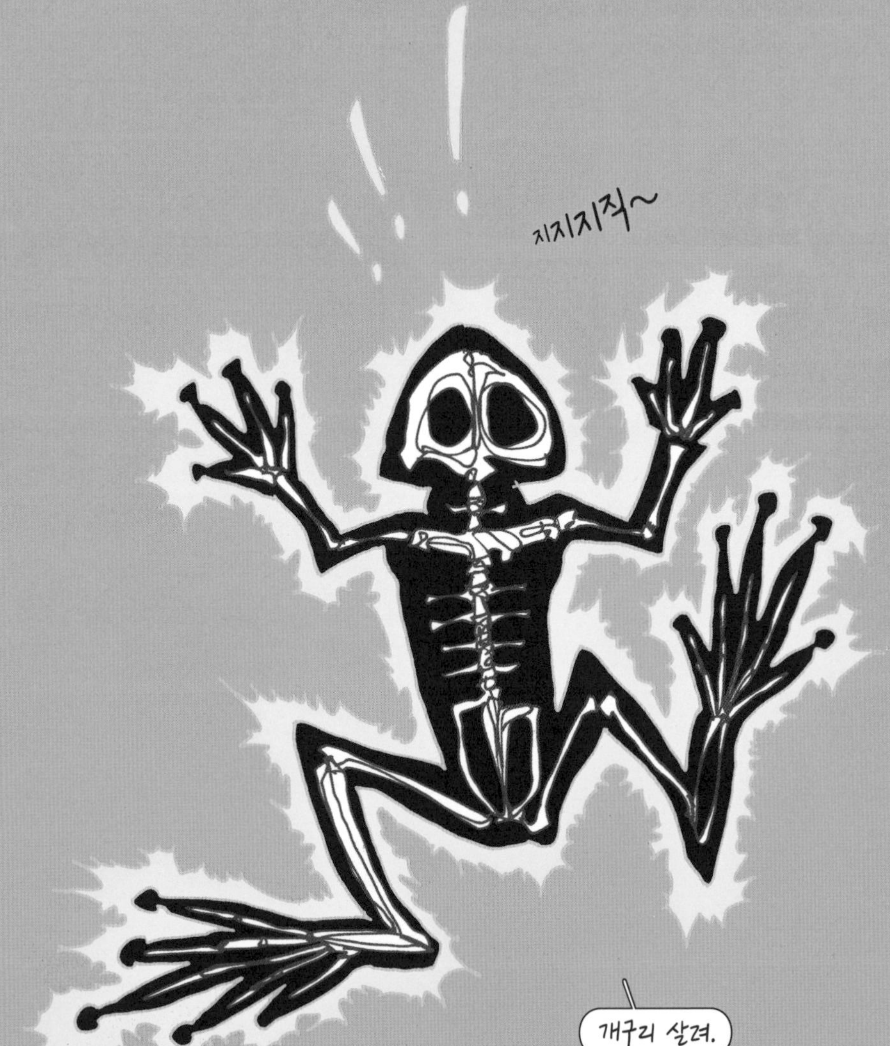
지지지직~
개구리 살려.

전기를 뜻하는 영어 'electricity'는 어디에서 유래했을까요?

옛날 그리스어로 호박을
'electron'이라고 했지.
호박?
?
그 호박 아니고, 이 호박.

기원전 600년경 그리스의 철학자 탈레스는 호박을 털가죽으로 문지르면 별난 일이 일어난다는 걸 알았다고 합니다.

광을 내려고 열심히 닦았더니,
오! 막 끌리네?
정전기를 발견했구나.
물론 당시의 탈레스는 그것이 정전기 현상인 줄 몰랐겠죠?
여보, 호박에 영혼이 있나 봐!
Thales

정전기는 전하가 흐르지 않고 머물러 있는 전기를 말해요.

전하의 일시적인 불균형 때문에 생기는 현상이죠.

마찰 과정에서 호박은 털가죽으로부터
전자를 쉽게 받아들여 음전하로 대전되고,
그런 호박을 털이나 머리카락, 비단,
종이 같은 것에 가까이 대면 분극이
일어나 호박에 달라붙게 되죠.
대전은 뭐고, 전하는 뭐고,
분극은 또 뭐야?
정전기에 관해
좀 더 설명할게요.

정전기 원리를 이해하려면 먼저 원자구조를 알아야 합니다.

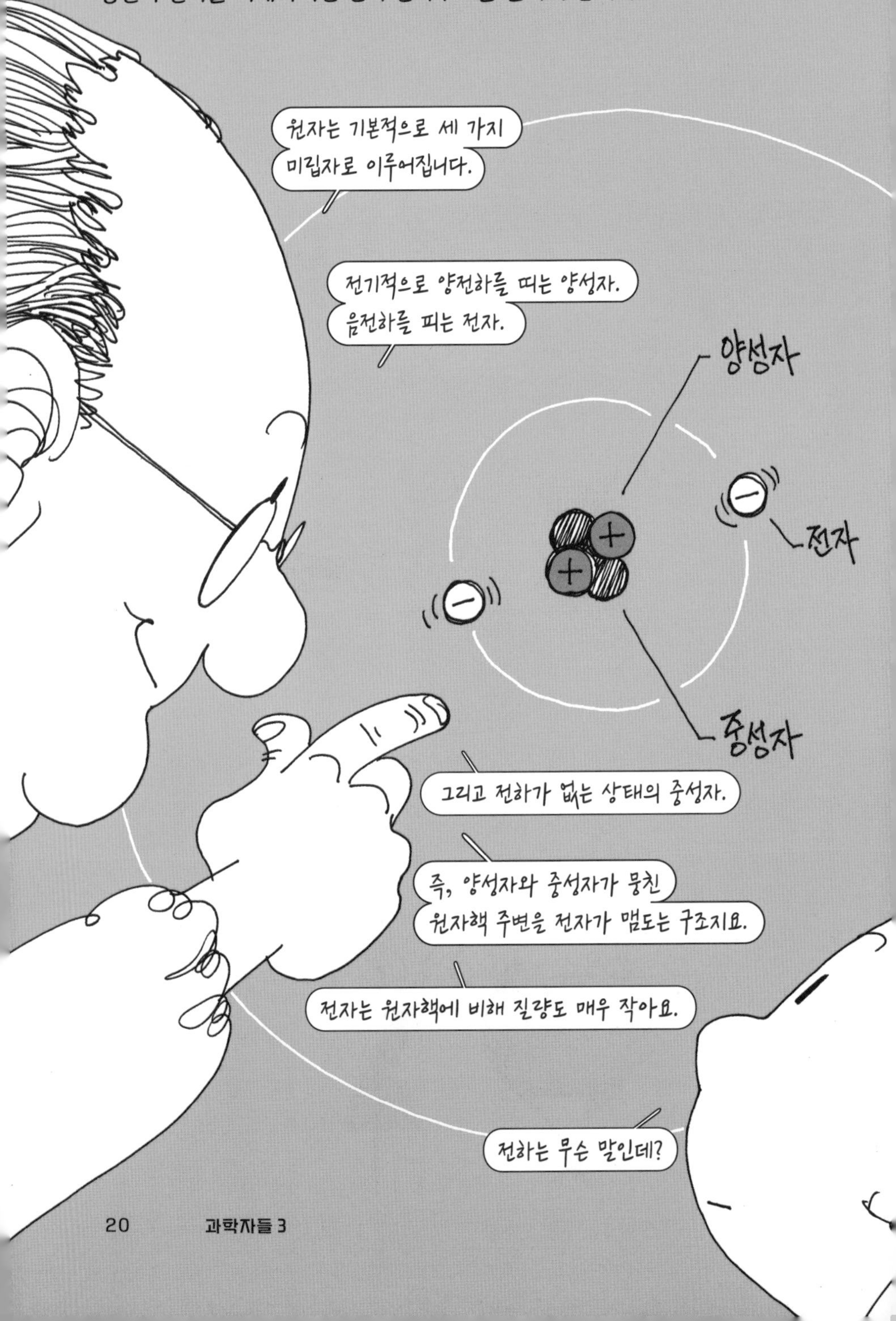
원자는 기본적으로 세 가지 미립자로 이루어집니다.
전기적으로 양전하를 띠는 양성자. 음전하를 띠는 전자.
양성자
전자
중성자
그리고 전하가 없는 상태의 중성자.
즉, 양성자와 중성자가 뭉친 원자핵 주변을 전자가 맴도는 구조지요.
전자는 원자핵에 비해 질량도 매우 작아요.
전하는 무슨 말인데?

전하(electric charge)는 전기의 기본 개념입니다.

역학에서 질량이 기본 성질인 것처럼 말이죠.
electric charge
뻥!
와락!
음전하와 양전하 두 가지가 있는데,
같은 종류의 전하끼리는 밀쳐내고,
다른 종류의 전하는 서로 끌어당기죠.

우리가 매일 사용하는 휴지, 머그잔 등은 전기를 띠지 않는 중성입니다.

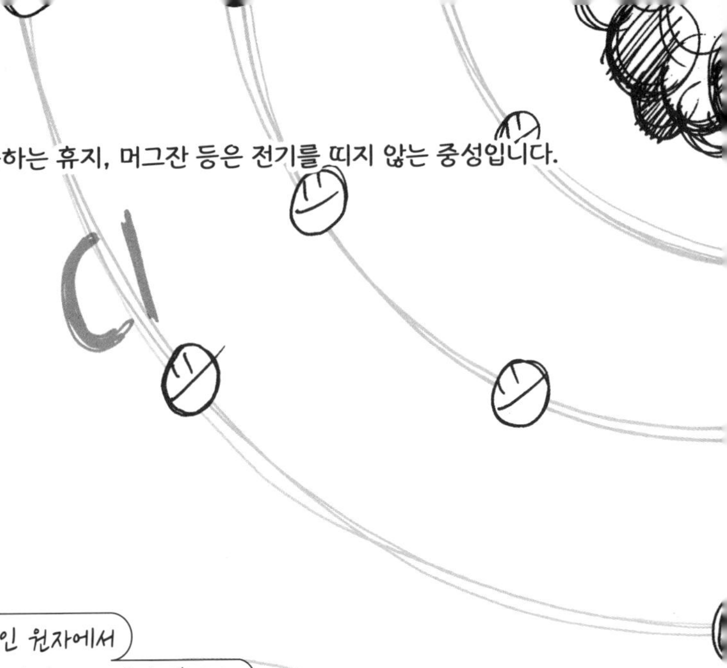
Cl

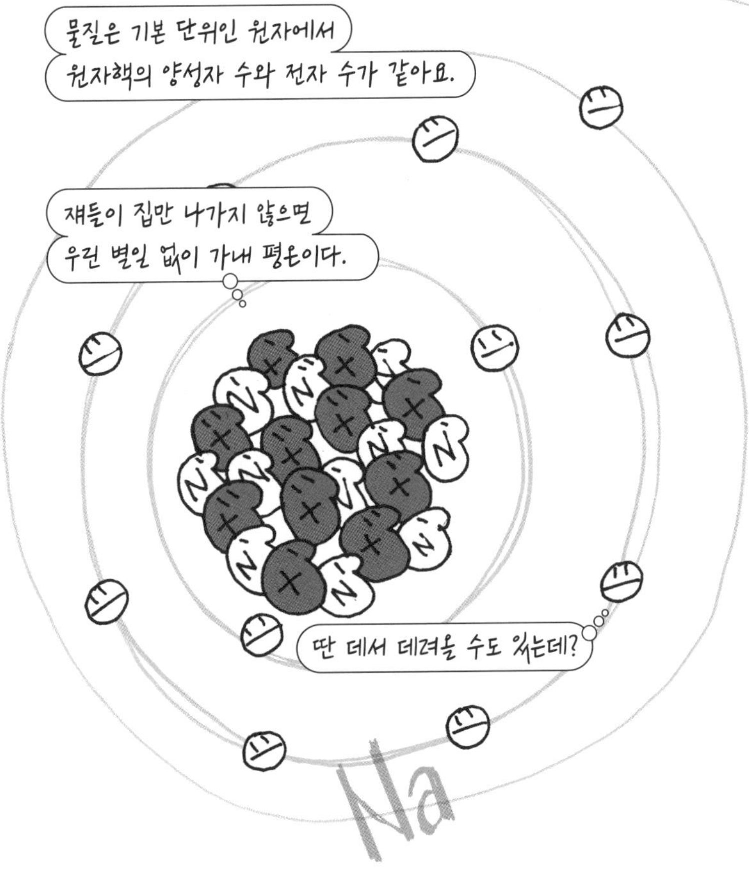
물질은 기본 단위인 원자에서
원자핵의 양성자 수와 전자 수가 같아요.
쟤들이 집만 나가지 않으면
우린 별일 없이 가내 평온이다.
딴 데서 데려올 수도 있는데?
Na

그런데 때로는 상태가 달라지기도 합니다.

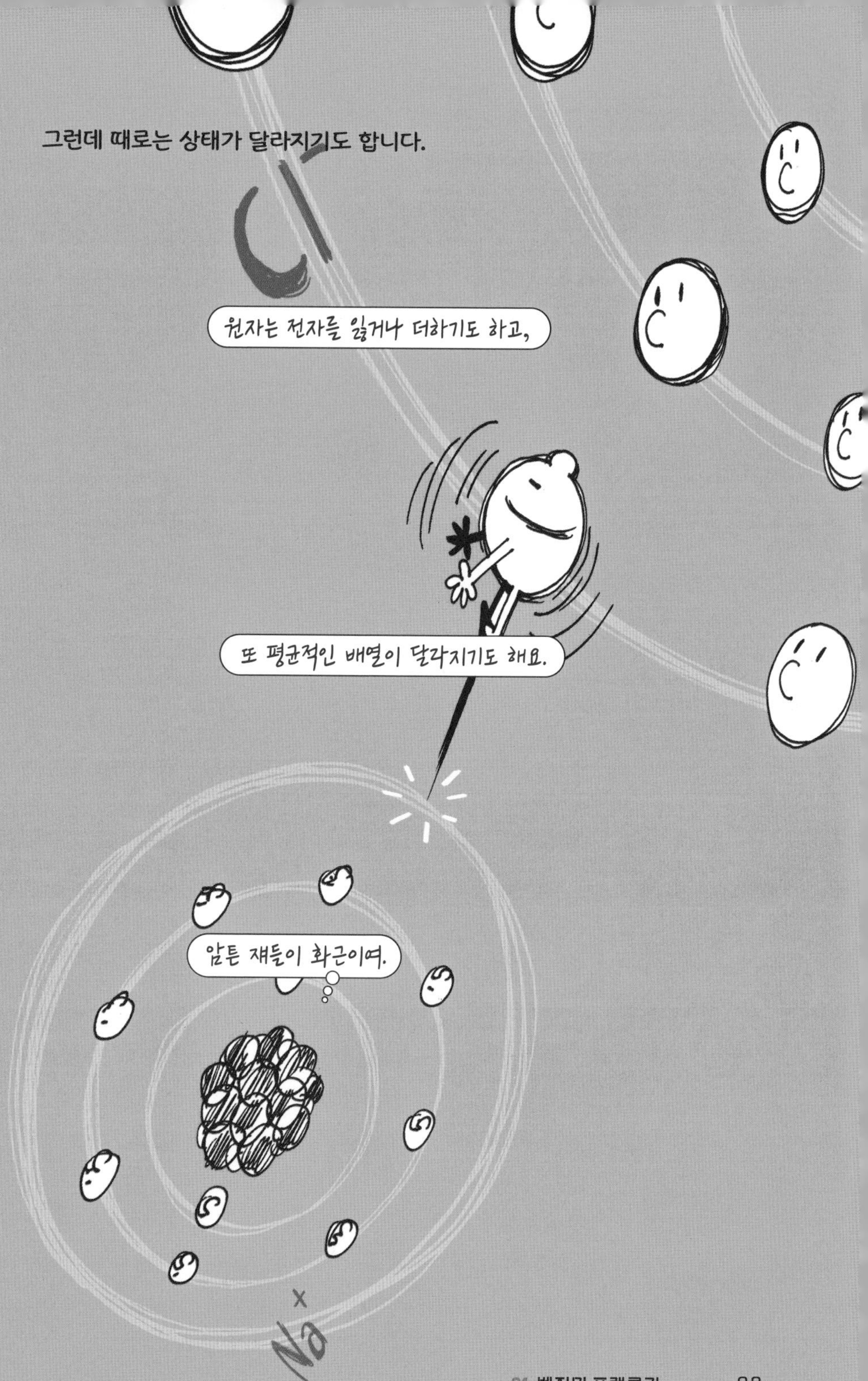
Cl
원자는 전자를 잃거나 더하기도 하고,
또 평균적인 배열이 달라지기도 해요.
암튼 쟤들이 화근이여.
Na

탈레스가 호박을 털가죽으로 문질렀을 때처럼 말이죠.

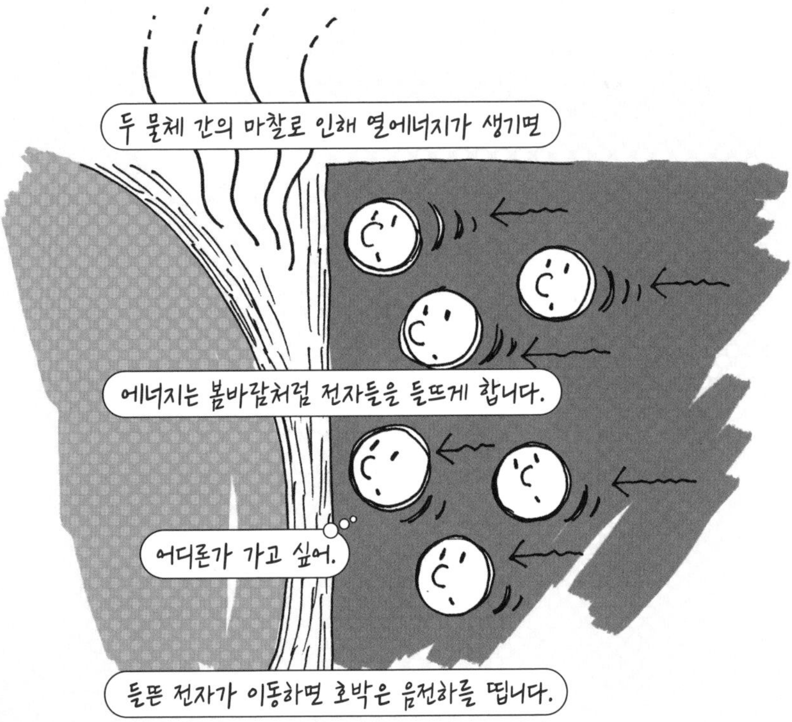
두 물체 간의 마찰로 인해 열에너지가 생기면
에너지는 봄바람처럼 전자들을 들뜨게 합니다.
어디론가 가고 싶어.
들뜬 전자가 이동하면 호박은 음전하를 띱니다.

이런 상황을 **대전***되었다고 하고 대전된 호박 같은 물체를 대전체라고 하죠.
호박이나 털가죽 말고 다른 것들도 그래?
다 그럴 수 있죠.

* **대전**
어떤 물체가 전기를 띰.

17세기 영국에서 윌리엄 길버트는 그런 현상에 더 깊이 파고들어 실험을 했습니다.

이것저것 다 마구 문질러봤는데
호박만 그런 게 아니었어.
영혼이 그렇게 많아?
난 신비주의자가 아니라 과학자야.
그건 자석의 힘과 비슷하면서도
다른 어떤 힘이라고 생각해.
그렇다고 고대 철학자 무시하지 마라.
호박(electron)은 인정해서 이 현상을
일렉트리쿠스(electricus)라고 부를게.

대전된 물체는 정전기를 유도할 수 있습니다.

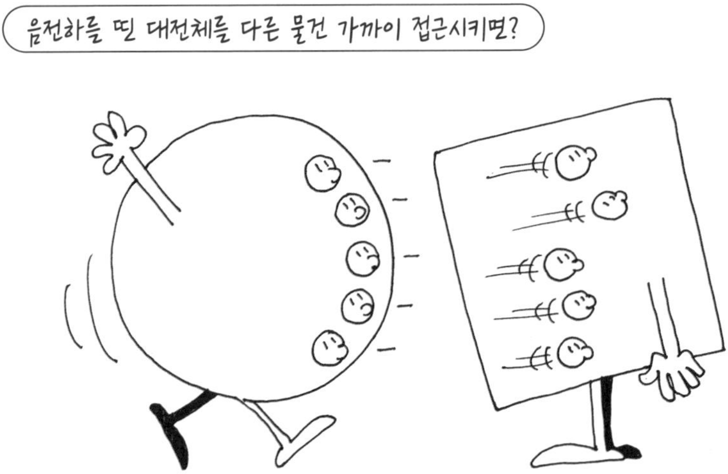
음전하를 띤 대전체를 다른 물건 가까이 접근시키면?

다른 물건 속의 전자들이
놀라서 달아나겠군.
멀리 달아나는 경우도 있고
그러고 싶어도 못 하는 경우도 있죠.
다 그렇다며?
금속 같은 도체일 때와
고무 같은 부도체일 때 상황이 좀 달라요.

금속 같은 도체의 경우 자유롭게 떠돌아다닐 수 있는 자유전자가 많지만 고무 같은 부도체는 전자들이 원자핵에 강하게 붙들려 있습니다.

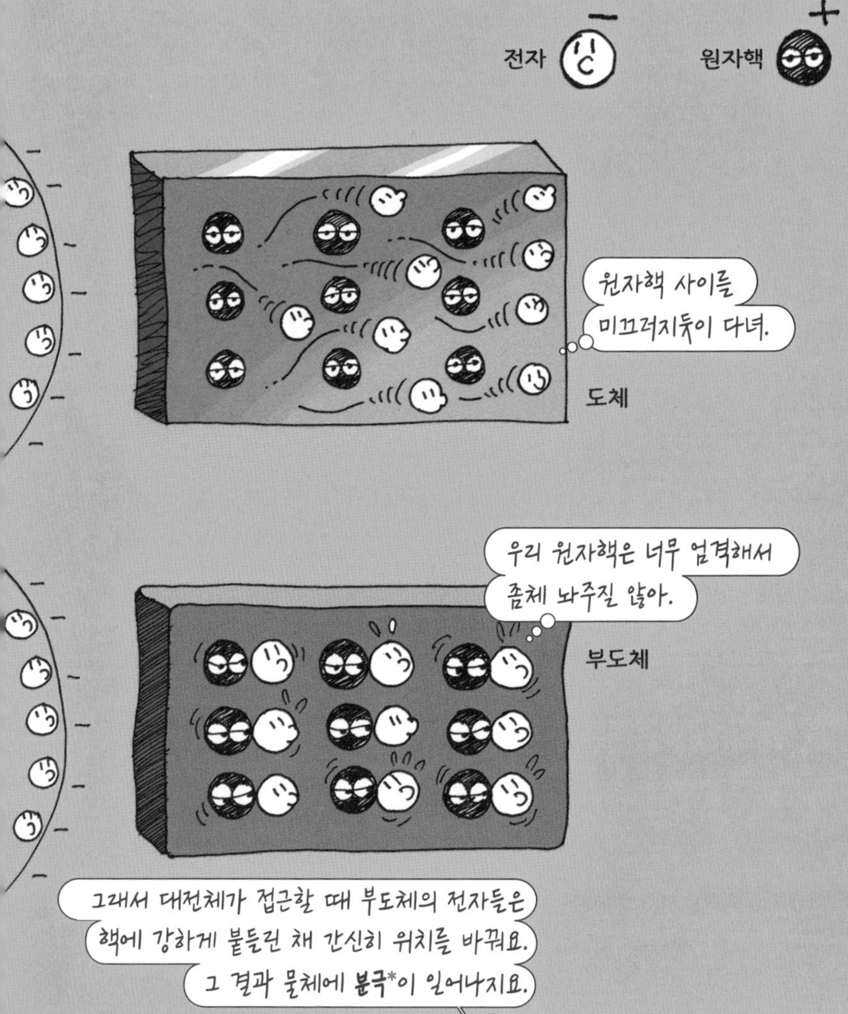

전자
원자핵
원자핵 사이를 미끄러지듯이 다녀.
도체
우리 원자핵은 너무 엄격해서 좀체 봐주질 않아.
부도체
그래서 대전체가 접근할 때 부도체의 전자들은 핵에 강하게 붙들린 채 간신히 위치를 바꿔요. 그 결과 물체에 분극*이 일어나지요.

* **분극**
전하의 분포가 재배열되어, 물체 양 끝에 양전기와 음전기가 나타나는 현상.

결론적으로 대전된 물체들 사이에는 당기거나 밀치는 정전기력이 생기는 거죠.

그 힘은 각각의 전하량의 곱에 비례하고 거리의 제곱에 반비례!
Charles de Coulomb
q_1
q_2
r
$F = k\frac{q_1 q_2}{r^2}$
F: 전기력
k: 쿨롱상수
q: 전하량
r: 거리

저 사람 누구야?
샤를 드 쿨롱 씨예요. 쿨롱의 법칙 세운….

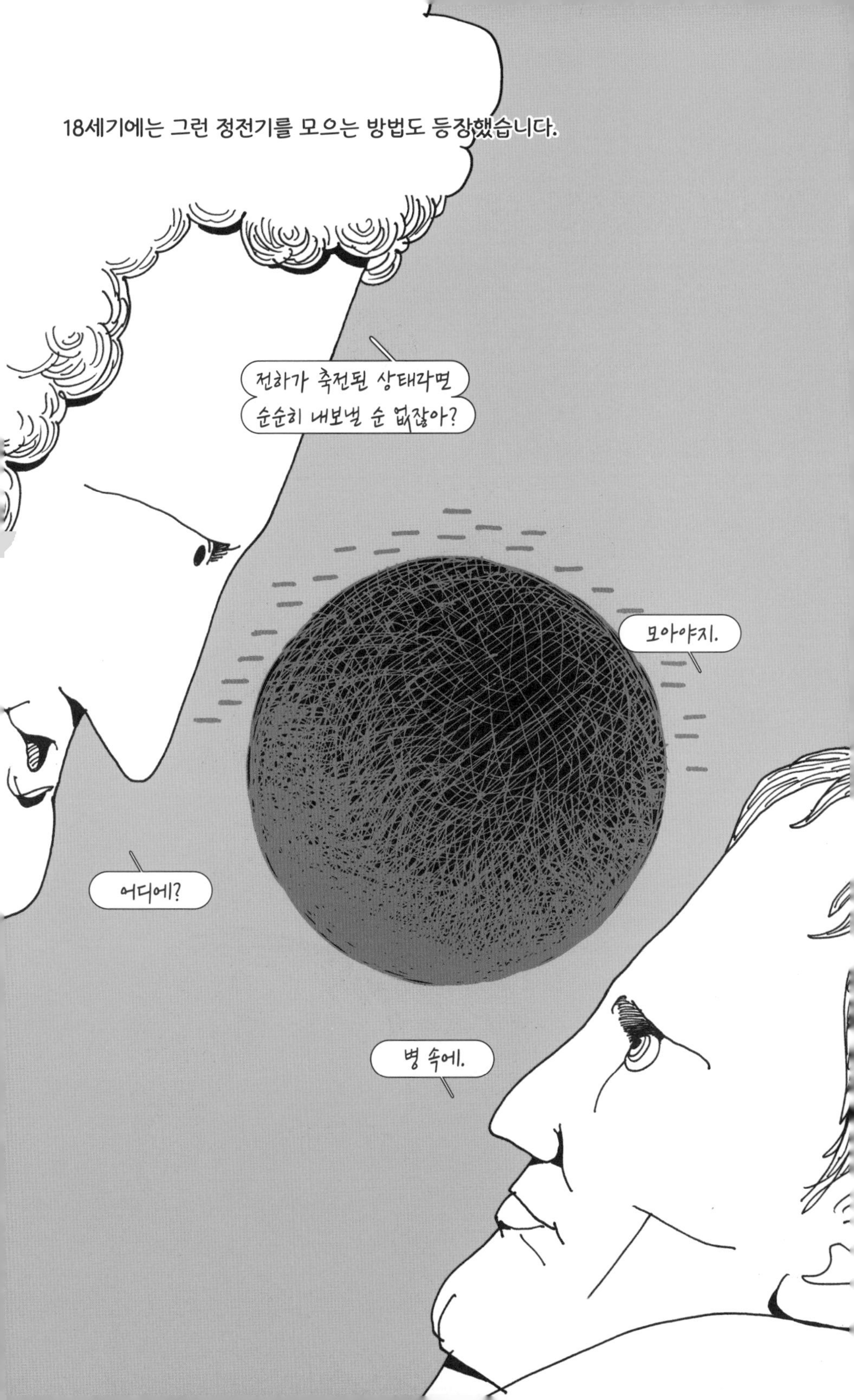
18세기에는 그런 정전기를 모으는 방법도 등장했습니다.
전하가 축전된 상태라면 순순히 내보낼 순 없잖아?
모아야지.
어디에?
병 속에.

이른바 레이던병(Leyden jar)이라는 것이죠.

네덜란드의 레이던 대학에서 강의하던 나,
피터르 판 뮈스헨브루크이 발명했어.
Leyden jar
Peter van Musschenbroek
나도 발명했다고! 나는 에발트 폰 클라이스트.
Ewald von Kleist

대전체로부터 음전하가 금속 사슬을 따라 병 안에 모이게 되는 원리입니다.

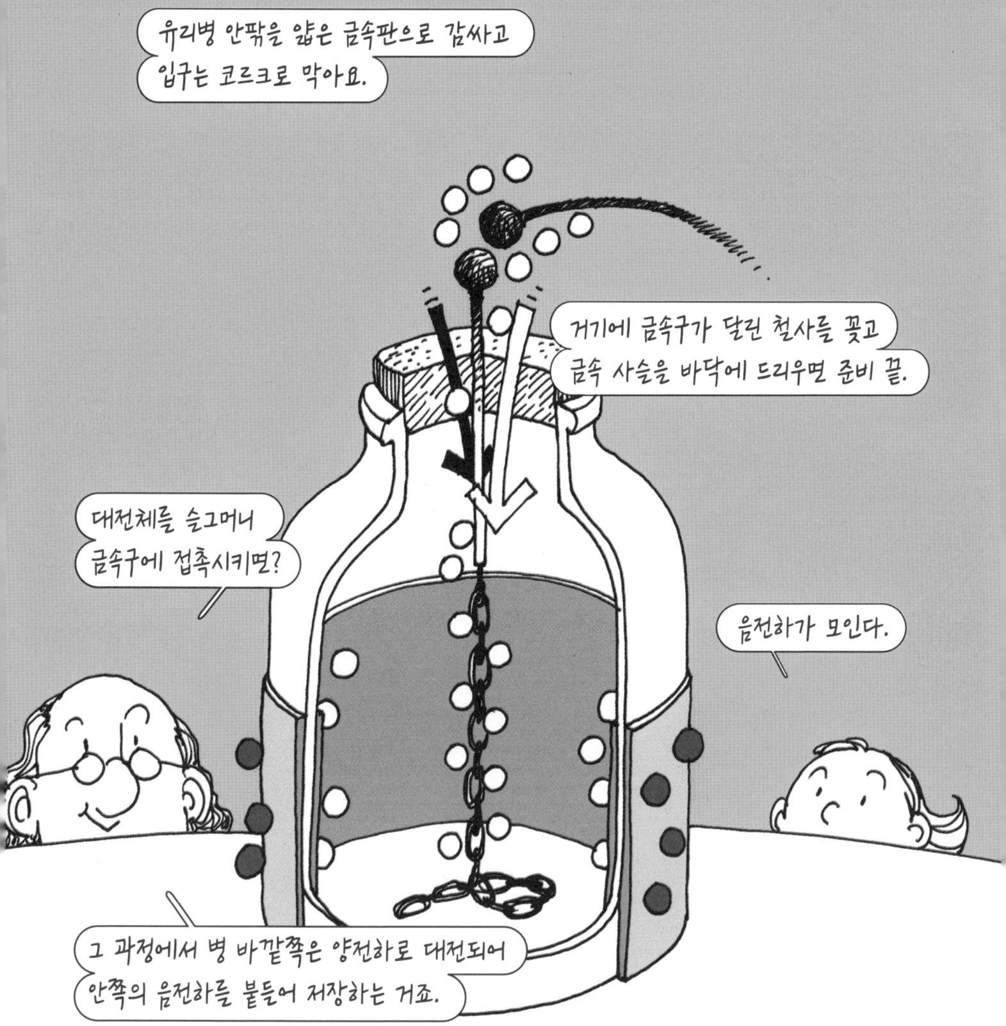

유리병 안팎을 얇은 금속판으로 감싸고 입구는 코르크로 막아요.
거기에 금속구가 달린 철사를 꽂고 금속 사슬은 바닥에 드리우면 준비 끝.
대전체를 슬그머니 금속구에 접촉시키면?
음전하가 모인다.
그 과정에서 병 바깥쪽은 양전하로 대전되어 안쪽의 음전하를 붙들어 저장하는 거죠.

축전기(콘덴서)의 시초인 레이던병은 전하를 모은 최초의 시도였다는 의미가 있지만, 축전지(배터리)는 나중에 만들어졌습니다.

Alessandro Volta
축전지는 누가 만들었는데?
이탈리아 사람 볼타.
어떤 사람이었는데?
다음 편 주인공입니다.
이번 주인공은 누군데?
프랭클린.
접니다.

18세기 미국의 벤저민 프랭클린은 참 독특한 사람이었습니다.

제 명함 보실래요?
인쇄업자, 출판인, 외교관, 발명가, 과학자, 정치가…. 이걸 다 혼자?
미국 달러 지폐 모델도 했어요. 경력이 좀 되죠?
Benjamin Franklin
author, printer, diplomat, inventor,
scientist, politician, postmaster,
civic activist, statesman,
왜 그 다이어리도 만들었다고 하지 그래?
맞아요. 프랭클린 다이어리도 제 이름을 딴 거예요.

팔방미인이었던 프랭클린은 과학에도 헌신했습니다.

누구는 저를 두고 이렇게 말했어요.
"그는 독재자들의 손에서 주권을, 하늘로부터 번개를 빼앗았다."
앞 문장은 미국 독립에 기여한 걸 가리킨 걸 테고, 번개는 뭐래?
그게 바로 제가 과학에 이바지한 대목이에요.

번개는 오랫동안 인간에게 신비한 자연 현상이었습니다.

번쩍~
우르릉 쾅쾅
제우스 신이 노하셨다.
너 뭐 잘못한 거 있지?
누가 할 소리?
벼락을 누가 맞는지 두고 보면 알겨.

근대까지도 구름 속에 있는 가연성 물질이 폭발을 일으키는 거라고 추측했죠.

저 속에 폭발물이 있는 거야.
언제 폭발하는데?
네가 뭘 잘못하면 터지겠지?
그 말이 웃겨서 빵 터졌다.

하지만 프랭클린은 하늘에서 떨어지는 벼락이 사실은 전기와 관련 있을 거라 생각했고,
저건 방전*일 거야.
방전?
정전기 상태를 못 버틴 전하가 순간적으로 흐르면 스파크가 발생하지? 벼락도 그거야.
스파크는 찌릿! 하는데 저건 어마무시하게 번쩍! 하는데?
하늘도 크고 구름도 크고 땅도 커서 그런 거야.

* **방전**
전기를 띤 물체에서 전기가 외부로 흘러나오는 현상.

과감하게 하늘에 도전했습니다.

과감하게
어떻게 도전했는데?
하늘 높이 연을 날렸죠.
실험은 안 하고 놀아?
그게 실험이었어요.
목숨을 건 위대한 실험이었죠.

번개는 구름 속에서, 또는 구름과 땅 사이에서 일어나는 일종의 정전기 현상입니다.

지지직
자! 높이 솟구치는 적란운 알죠?
대기는 불안하고 소나기도 동반하죠.
지지직
작은 물방울과 얼음으로 이루어진 구름들끼리
부딪치면서 마찰을 하게 되면?
지지직
구름이 대전되겠군.
빙고! 그 순간 생기는 스파크가 번개예요.
벼락은 달라?
번개의 일종으로 구름과 땅 사이에
일어나는 정전기유도 현상이죠.

구름이 대전되면 구름의 높은 곳에는 양전하가,
구름의 아래쪽에는 음전하가 모여 지면과의 사이에 **전위차***가 발생하죠.

* **전위차**
전기장에 있는 두 점 사이의 위치에너지의 차이. 다른 말로 전압.

대전된 구름 때문에 지면이 분극되어 이런 상태가 되겠죠?
아주 불안해 보이네.
전위차가 커질 대로 커져 더 이상 버티지 못하면?
엄청난 양의 전하가 방전되겠군.
그렇죠.
근데 천둥소리는 왜 나?

우르릉 쾅! 쾅!

아주 큰 전기에너지를 갖고 있는 번개가 공기를 지나가면 주변 공기 온도가 순간 급격히 올라가요. 그럼 공기가 팽창하며 크게 진동해 우리 고막을 흔들어 큰 소리가 들리는 거지요.

프랭클린은 이 모든 현상을 규명하기 위해 번개가 치는 날 바깥에 나가 특수 제작한 연을 날렸습니다.

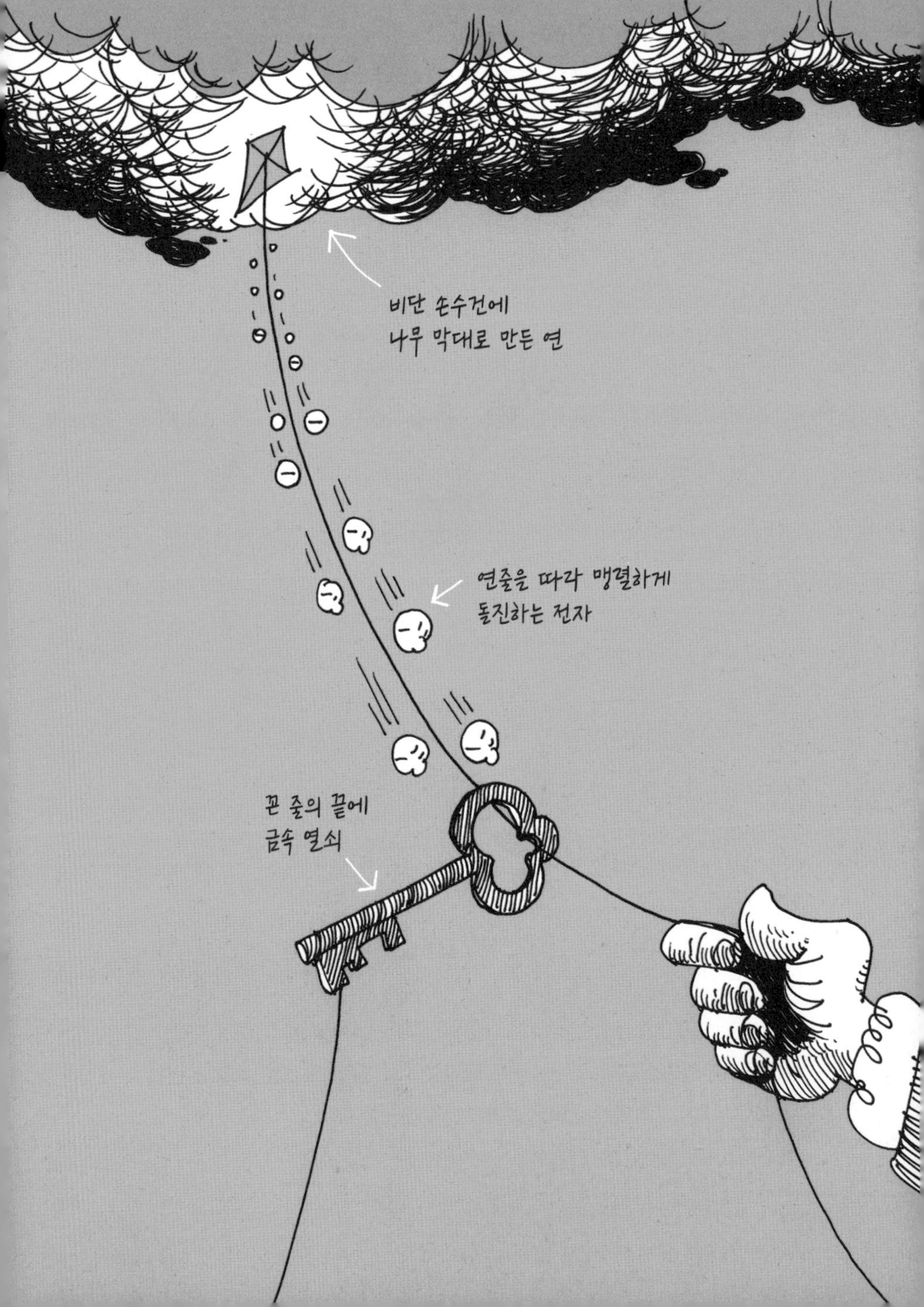

그때 프랭클린의 몸은 지면에 닿은 상태였고,
금속 열쇠는 레이던병에 연결되어 있었습니다.
번개를 잡았어요.
와! 멋있다!
레이던병
earth

오래전부터 인간들이 두려워하던 자연 현상이
정전기와 같은 이치라는 사실을 마침내 밝혀낸 것입니다.

Joseph Priestley
산소를 발견하고도 근대 화학의 아버지 소릴 못 들었던 프리스틀리는 그 과정을 상세히 설명했죠.
너무 인상적이라서 나도 한몫 거들었어.
4장에서 만나.

그리고 프랭클린은 물질에 들고 나는 어떤 전기 흐름에
두 종류의 성질이 있다고 확신했습니다.

플러스와 마이너스로 구분했어요.
전하의 성질은 규정했군. 그런데 반대로 해석했다던데?
그렇죠. 오늘날 과학에서는 음전하를 띠고 있는 전자가 이동하는 걸로 보니까요.
+
−

탈레스로부터 긴긴 세월을 지나 프랭클린에 이르러
전기는 마침내 베일을 벗고 본모습을 드러낸 것입니다.
프랭클린은 이후 과학자들의 전기 연구에 영감을 준 위대한 선구자였습니다.

다음으로 소개할 사람은 누구?
전지를 발명한 알레산드로 볼타입니다.

02

전기를 쓰는 한 잊지 못할 이름

알레산드로 볼타

Alessandro Volta (1745~1827)

이탈리아의 물리학자. 전하를 모아서 전류를 발생시키는 전지를 발명했다. 이후 전기 현상 연구에 크게 이바지했다. 전압의 단위인 볼트는 그의 이름에서 따왔다.

18세기는 정전기를 모으는 장치인 레이던병이
대중적으로도 널리 알려져 사용되었을 정도로
전기에 대한 관심이 매우 높아진 시대였습니다.
그리고 선구적인 몇몇 과학자들의 집념 덕분에
세상은 명실상부한 전기 문명 시대를 기대할 만했습니다.
세기가 바뀌어 맨 처음 그 바람에 화답한 사람은
이탈리아의 알레산드로 볼타였습니다.

1801년 어느 날 나폴레옹 보나파르트는
이탈리아 출신의 한 남자에게 홀딱 반했습니다.

프랑스 학술원에서 그 남자가 선보인 진귀한 실험 하나가
당시 유럽의 통치자를 매료시켰기 때문입니다.

어떻습니까?
죽이네!
저를 죽이신다고요?
죽이기는, 상 줘야지. 이름이 뭐라고?

그날 나폴레옹으로부터 귀족 작위와 레지옹 도뇌르 훈장을
하사받은 사람은 알레산드로 볼타.

알레산드로 볼타입니다.
이름도 죽이네!

볼타가 나폴레옹 앞에서 선보인 것은 전하를 모아서 전류를 발생시키는 장치의 실험이었습니다.

'전퇴'라고 합니다.
후날 사람들은 '볼타전지'라고 부르겠죠?

당시에도 전하를 모으는 방법으로 레이던병이 널리 쓰였지만
볼타의 것은 차원이 달랐던 겁니다.

일단 제 건 전류의 크기부터 달라요.
대전체를 만들려고 마찰을 할 필요도 없고요.
게다가 전하를 많이 오래 모아둘 수 있어서 안정적인 전류를 발생시키죠.
어찌하여 그리 된단 말인가?

아마도 볼타는 자신의 발명품에서 나오는 강한 전류는
큰 전위차에 의한 거라고 설명했을 테지요.

자! 이렇게 전하가 다른 것들을 반복해서
여러 겹 붙이면 전위차가 커지겠지요?
전기력은 거리의 제곱에 반비례하니까요.
위치에너지가 커진다는 건 뭘 의미하겠습니까?
단위 시간당 전하의 흐름도 커진다는 거죠?
알아듣는 척하기 힘들다.
듣고 계세요?

나폴레옹이 볼타의 설명을 제대로 이해하려면
몇 가지 전기 용어의 뜻을 알아야 했을 테지만요.

전류, 전위, 전위차, 쿨롱의 법칙 같은 건 알고 계시겠죠?
알고 있을지, 모르고 있지 않을지 모르긴 모르겠지만 일단 설명해 봐.

전류는 전하의 흐름입니다.

회로에서는 통상 +극에서 -극으로 향하는
양전하의 흐름으로 표시하지만
실제로는 전자의 흐름입니다.
그땐 전자가 발견되기 훨씬 전인데
그걸 어떻게 알아?
지금은 제가 이 만화 주인공이니까요.

전하가 흐르는 이유는 전하 사이에 작용하는 힘 때문인데
힘의 방향을 따라 전기장이 형성됩니다.

여기 하나의 양전하가 있다고 치면 주변의
다른 양전하에 작용하는 그림이 그려지겠죠?
자기장이랑 비슷한데 무슨 관계가 있어?
그건 나중에 외르스테드나
패러데이한테 물어보시고.

전기장 내에서 전하는 위치에 따라 받는 힘이 다릅니다.

가까울수록 크고, 멀수록 약하지.
Charles de Coulomb
난 전하량과 힘의 관계를 수학적으로 풀어 유명해졌어.
q_1
q_2
r
$F = k\frac{q_1 q_2}{r^2}$
프랑스 과학자 샤를 드 쿨롱이에요.
알아. 쿨롱의 법칙.

그 힘은 위치에너지인데, 그걸 전위라고 합니다.
그러니까 전하의 위치에너지가 전위라는 말이지?
나폴레옹보다 똑똑하시네요.

전기장에 두 개의 양전하가 각각 다른 지점에 놓여 있다고 상상해 볼까요?

한 지점의 양전하를 다른 쪽 양전하에 접근시키려면 서로 밀치는 척력 때문에 힘을 써서 일을 해야 해요.
끙~ 가까이 다가갈수록 더 힘들어.
힘들어하는 만큼의 차이, 그걸 두고 뭐라고 하는지 알아요?
뭐라고 하는데?

위치에너지의 차이, 즉 단위 전하당 전위의 차이를 전위차라고 합니다.

다른 말로 전압이라고 해요.
전압을 나타내는 단위는 볼트 V.
그러니까 댁의 이름은
전하를 흐르게 하는 힘이라는 뜻?
전기 발전에 제가 그만큼
기여했단 뜻도 되겠죠.

그럼 볼타는 어떻게 해서 전압이 크고 오래가는 전퇴,
즉 볼타전지를 발명할 수 있었을까요?

레이던병과 달리 마찰한 대전체가 없어도 되고,
전류가 계속 흐르잖아? 어떻게 한 거야?
얘기하자면 깁니다만….

그의 발명에 도움과 힌트를 준 것은 동료 과학자의 우연하고도 엉뚱한 실험이었습니다.

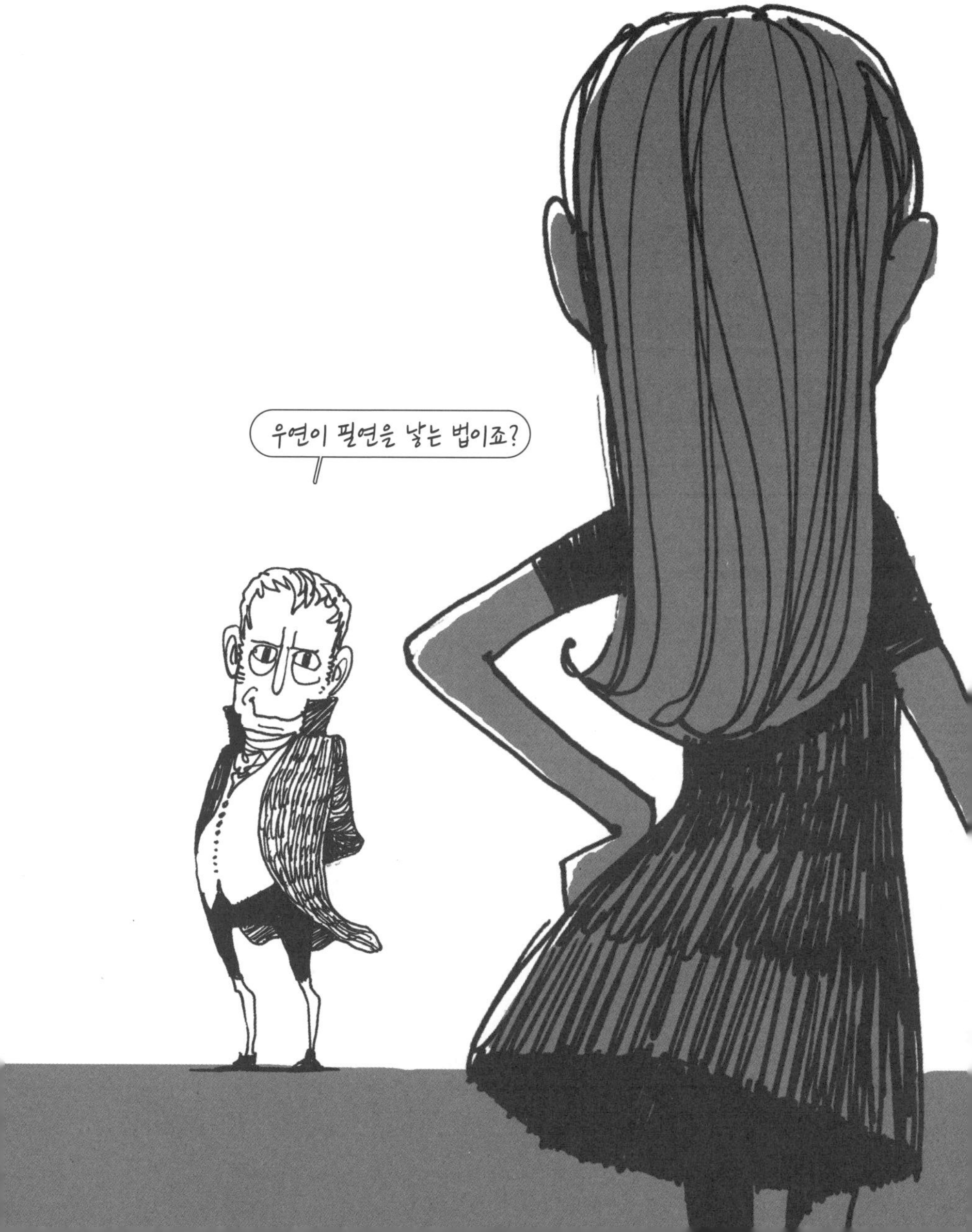
우연이 필연을 낳는 법이죠?

때는 바야흐로 18세기 말, 정전기 실험이 크게 유행했던 시절.

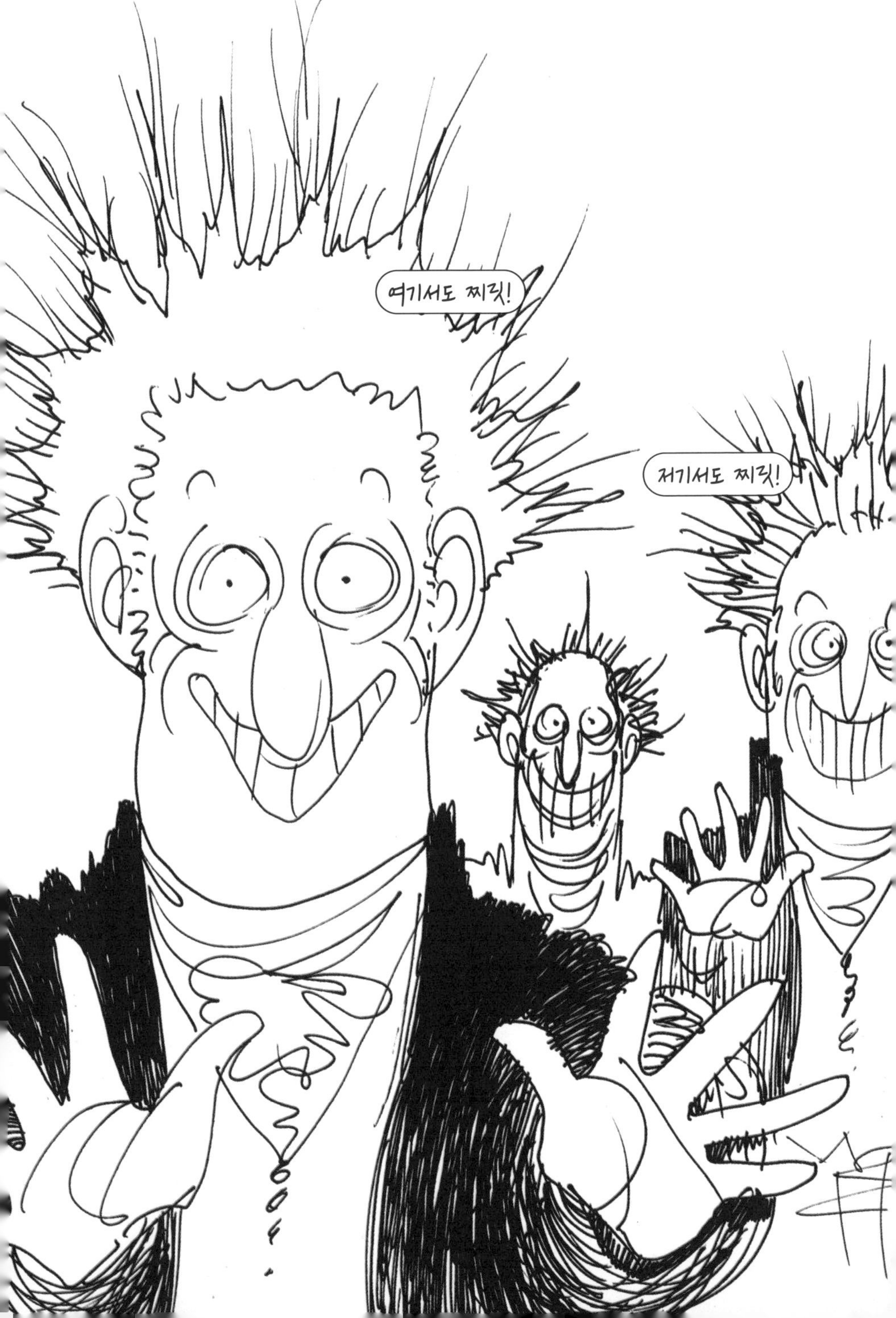

여기서도 찌릿!
저기서도 찌릿!

이탈리아 볼로냐 대학의 의학 교수인 루이지 갈바니가
해부하다 만 개구리에게서 영감을 얻는 사건이 벌어졌습니다.

어라, 이것이 찌릿한 건가?
Luigi Galvani
찌릿! 찌릿!

죽은 지 얼마 안 된 개구리의 뒷다리에 금속 메스를 댔더니 경련을 일으킨 거였죠.

이것은 전기! 전기가 통한 거다!
여기저기 다 건드려봤는데, 다 통했어!
내가 이제부터 이 문제를 가지고
전기에 관한 실험도 하고 연구도 하겠어.
해부학 교수님이신데요?
해부가 문제냐?
그럼 뭐가 문제?
이제 내가 전기 물리학사에
이름 남기는 건 시간문제다.
문제는 문제네요….

갈바니는 연구 끝에 개구리가 경련을 일으킨 것이
'동물전기' 때문이라는 결론을 내렸습니다.

이것은 동물 몸속에 전기가 있기 때문이다.
어디에 있다는 거예요? 간에? 위에?
신경과 근육을 따라 흐르겠지.
애초에 어디서 생겨요?
아마도 뇌에서?
논문 쓰실 거유?
벌써 썼어.

갈바니가 발표한 논문은 당시 전기에 관심깨나 가졌던
온 유럽의 과학자들을 설레게 했습니다.

이 논문 엄청나네! 봤나?
봤지. 이탈리아 사람이 썼다던데.
촌놈이 땡 잡았네.
촌놈이니까 개구리 잡았겠지.
!
!
우리도 함 잡아보자.
!
!
개구리가 뭔 죄여?

그 무렵 파비아 대학의 물리학 교수였던 볼타 역시 갈바니의 논문에 주목했죠.

참 대단한 논문이라고 생각했어요.
그럼, 댁도 개구리 좀 잡았겠네?
하지만 난 딴 사람들과 달랐지요.
뭐가?
의문을 가지고 잡았죠.
잡긴 잡네.

정전기의 원인이 동물전기가 아닌 외부 요인일 수도 있다고 생각한 볼타는
금속의 종류를 달리해 가며 개구리 다리를 건드려보았습니다.

같은 금속을 갖다 대면 잘 안 떨렸는데 금속의 종류가 다르면 더 세게 떨지 뭡니까?
그래서 무슨 상상을 했어?
종류가 다른 두 금속 간에 전위차가 있을 거라고.
전위차라면? 전하를 흐르게 하는 힘?
그렇죠.

그리고 개구리의 몸을 타고 전류가 흘렀다는 사실에서도 중요한 힌트를 얻었죠.

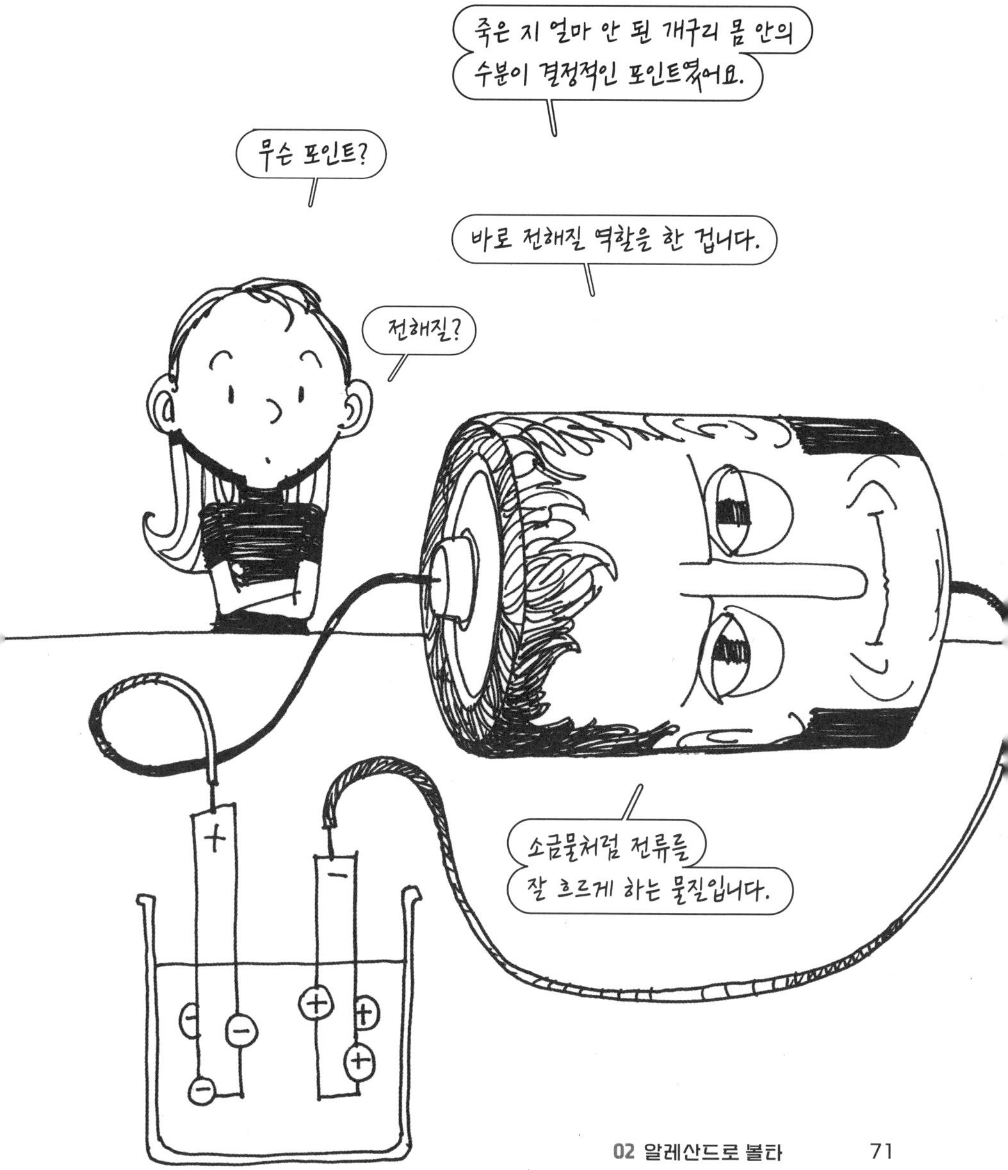
죽은 지 얼마 안 된 개구리 몸 안의
수분이 결정적인 포인트였어요.
무슨 포인트?
바로 전해질 역할을 한 겁니다.
전해질?
소금물처럼 전류를
잘 흐르게 하는 물질입니다.

소금은 물에 녹아 나트륨 **양이온***과 염소 음이온이 되어 전기적 성질을 띠게 됩니다.

* **이온**
전하를 띠는 원자. 원자가 전하를 잃으면 양전하를 띠는 양이온, 전하를 얻으면 음전하를 띠는 음이온이 된다.

NaCl
Cl⁻
Na⁺
이온화된다는 건 전하를 띤다는 거잖아요?
개구리 몸이 전하가 흐르는 길이었던 셈이군.
마른 개구리가 아니라 젖은 개구리였던 게 행운이지요.

1791년부터 볼타는 자신의 상상과 실험 결과들을 모아서 세상에 없던 진귀한 물건을 만들기 시작했죠.

먼저 두 종류의 금속을 골라야겠지요?
전위차가 큰 걸로?
그래서 아연과 구리를 선택했습니다.
Cu
구리
Zn
아연

금속판을 여러 겹 층층이 쌓으면 전위차가 더 커질 거라는 그의 생각은 딱 들어맞았습니다.

똑똑했네?
별거 아니에요. 금속판이 많을수록 전하량이 커질 게 당연하지요.
이담에 카를 마르크스가 말하길 양이 질을 결정한다고.
이건 양이 양을 결정한 거 같은데?
Karl Marx

그리고 금속판들 사이사이에 소금물에 적신 얇은 종이를 끼워 넣었습니다.

자! 봐요. 아연, 종이, 구리, 아연, 종이, 구리….
종이가 젖었으니까 건전지가 아니고 습전지네?
맞아요. 건전지는 나중에 누가 발명한답니다.
누가?
프랑스의 조르주 르클랑셰라던가?
Georges Leclanché
Zn
Cu

1799년 결과는 놀라울 정도로 성공적이었습니다.

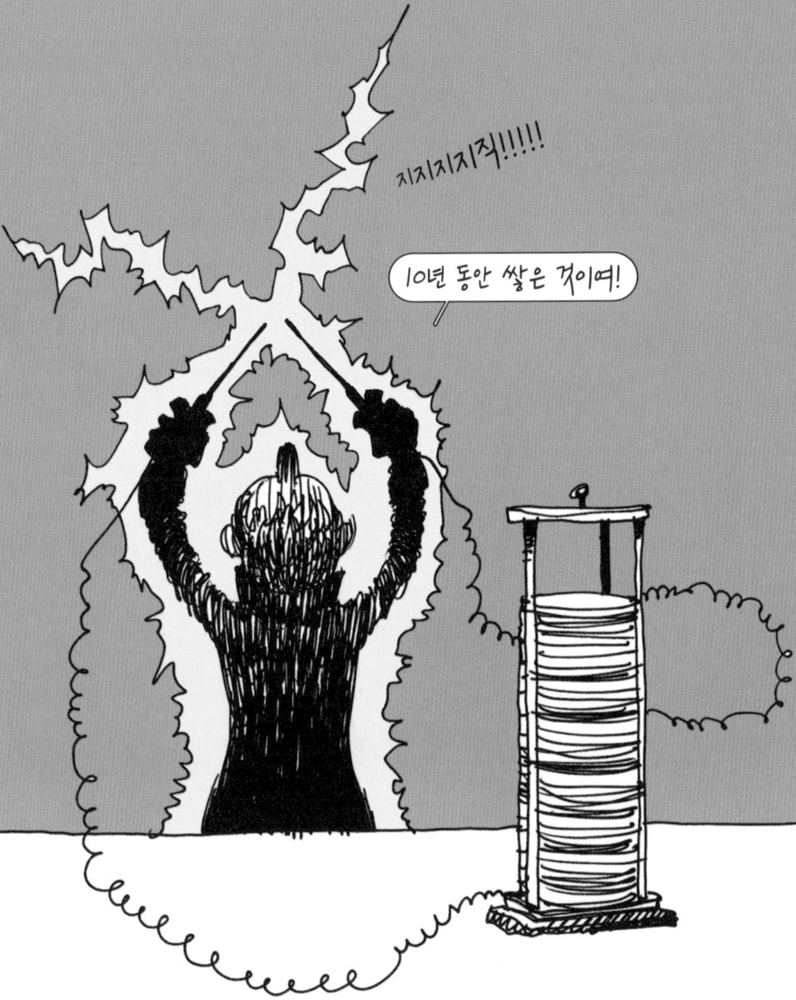
지지지지직!!!!!
10년 동안 쌓은 것이여!

1800년 그는 자신이 만든 전지에 관한 보고서를 왕립학회에 보냈고,

이거 봤어? 자동으로
전기가 발생하는 기계를 만들었단다.
헉! 누가?
이탈리아 사람이.
또 촌놈이네?
세상 떠들썩해지겠네.

급기야 이 소식을 들은 프랑스의 나폴레옹 보나파르트는 1801년에 볼타를 초청해서 시연하도록 했습니다.

자! 깜짝 놀라지 마십쇼.
만화 시작할 때 놀라서 이제 안 놀란다.
스파크로 쇠도 녹일 텐데요?
말만 들어도 놀랍다.

볼타는 프랑스뿐 아니라 롬바르디아 왕국에서도 백작 작위를 받았고 상원 의원으로 추대되었습니다. 하지만 말년까지 정치에는 무관심했고 오로지 과학에만 헌신했습니다.

저기요, 백작 의원님.
그렇게 부르지 마라.
그럼 뭐라고 부를까요?
그냥 볼타라고 불러.

1881년 국제 전기 학회는 전압의 단위를 '볼트'로 정했습니다.

03

기체의 재발견

조지프 블랙

Joseph Black (1728~1799)

영국의 화학자. 실험을 통해 공기 중에 포함된 이산화탄소의 존재를 발견하고, 대기와 다른 기체라는 것을 확인했다. 실험 과정에서 물질의 무게를 측정해 정량 화학을 확립했다.

18세기에 과학자들은 이산화탄소, 수소, 산소 등

여러 가지 기체를 발견하는 데 매달렸습니다.

그중에서 처음으로 발견된 기체는

오늘날 우리가 이산화탄소라고 부르는 것으로,

1754년 조지프 블랙의 치밀한 실험에 의해서였습니다.

공기가 한 종류의 물질이 아닌 혼합물이라는 사실을

처음으로 밝힌 것입니다.

우리는 공기 중에 여러 종류의 기체가 섞여 있다는 사실을 알고 있습니다.

질소, 산소, 이산화탄소···.
N2
O2
CO2
메테인 가스 추가요!
뿡

하지만 18세기 중반까지도 사람들이 생각한 공기라는 기체는 단지 하나의 원소일 뿐이었습니다.

공기가 그냥 공기지.
굳이 나누라면?
탁한 공기, 맑은 공기?

그 이유는 아리스토텔레스 때문이었죠.

만물을 구성하는 원소는 딱 네 가지다.
물, 불, 흙, 공기.
또 나오셨네?
모든 학문의 아버지니까.

천문학 분야에서는 지상계와 천상계를 나누었던 아리스토텔레스 방식의 세계관을 이미 극복했고,

지구는 우주의 중심이 아니오.
지구가 막 돌아요. 그것도 타원으로.
막 도니까 좋냐?

물리학 분야에서도 괄목할 만한 혁신이 이루어졌지만,

무거운 물체가 가벼운 물체보다 빨리 떨어진다.
아니요. 같이 떨어져요.
물체가 운동하는 건 계속 힘을 받는 거다.
한번 힘을 받으면 관성으로 계속 직진해요.
천상에서는 원운동이 기본이다.
중력 때문에 가속도가 붙는 운동이오.

물질의 성질과 변화를 탐구하는 분야에서는

여전히 아리스토텔레스라는 큰 산을 넘지 못하고 있었던 거죠.

엠페도클레스의 4원소설을 내가 체계화했다.
이것들이 결합하고 분리되면서 만물을 이룬다고.
화학자가 되려면 저 산을 넘어야 한다.

그 완고한 물질관에 균열을 내기 시작한 선구자들은

기체를 연구한 과학자들이었습니다.

공기가 수상하다.
뭔가 있는 거 같아.
뭐가 많이 있는 거 같아.

그들은 다양한 실험으로 성질이 서로 다른 기체들을 하나씩 발견해 나갔는데,

답답하고 숨 쉬기 곤란한 기체요!

화끈하게 불붙는 기체 하나 추가!

근대 화학으로 이어지는 기체 발견 여정의 첫 테이프를 끊은 사람이 바로 조지프 블랙이었습니다.

내가 최초다!
뭐가 최초요?
그걸 발견했거든!
1st.

그가 실험을 통해 처음으로 발견한 기체는 바로 이산화탄소였습니다.

이산화탄소라는 이름은 나중에 붙은 거지.
발견 당시에는 뭐라고 부르셨어?
난 '고정된 기체'라고 했지.
fixed air
왜요?
얘기하자면 길어.

미지의 발견이 으레 그렇듯이 블랙이 처음부터 특정 기체의 발견을 노린 건 아니었을 겁니다.

애초에 무슨 생각으로 시작하신 겁니까?
신약 개발의 꿈?
약이요?
나 이래 봬도 의학 박사야.

블랙은 대학에서 의학, 해부학을 전공했는데 그가 다녔던 학교에
최신 지식에 생각이 트인 교수가 있었죠.

나, 윌리엄 컬런이라고 한다.
제가 교수님 영향을 크게 받을 거라는 느낌이 확 드는데요?
느낌 좋네.

윌리엄 컬런 교수의 화학 수업에 매료된 블랙은 그의 조교로서 늘 함께 연구했습니다.

스승을 잘 만나면 인생이 꽃피는 법이다.
제가 교수님보다 훨씬 크게 될 거라는 느낌도 드는데요?
자꾸 느낄래?

1752년 무렵 박사 학위 논문을 앞두고 블랙이 붙들고 실험한 것은 탄산칼슘, 탄산마그네슘 같은 탄산염이었습니다.

왠지 이걸로 결석을 치료하는 신약을 개발할 수 있을 것 같다는….
$CaCO_3$
허황된 생각을 하고 있구나?
$MgCO_3$

탄산염은 물에 녹은 탄산 이온이 칼슘이나 마그네슘 등과 결합한 상태입니다. 석회석의 주성분도 탄산칼슘이죠.

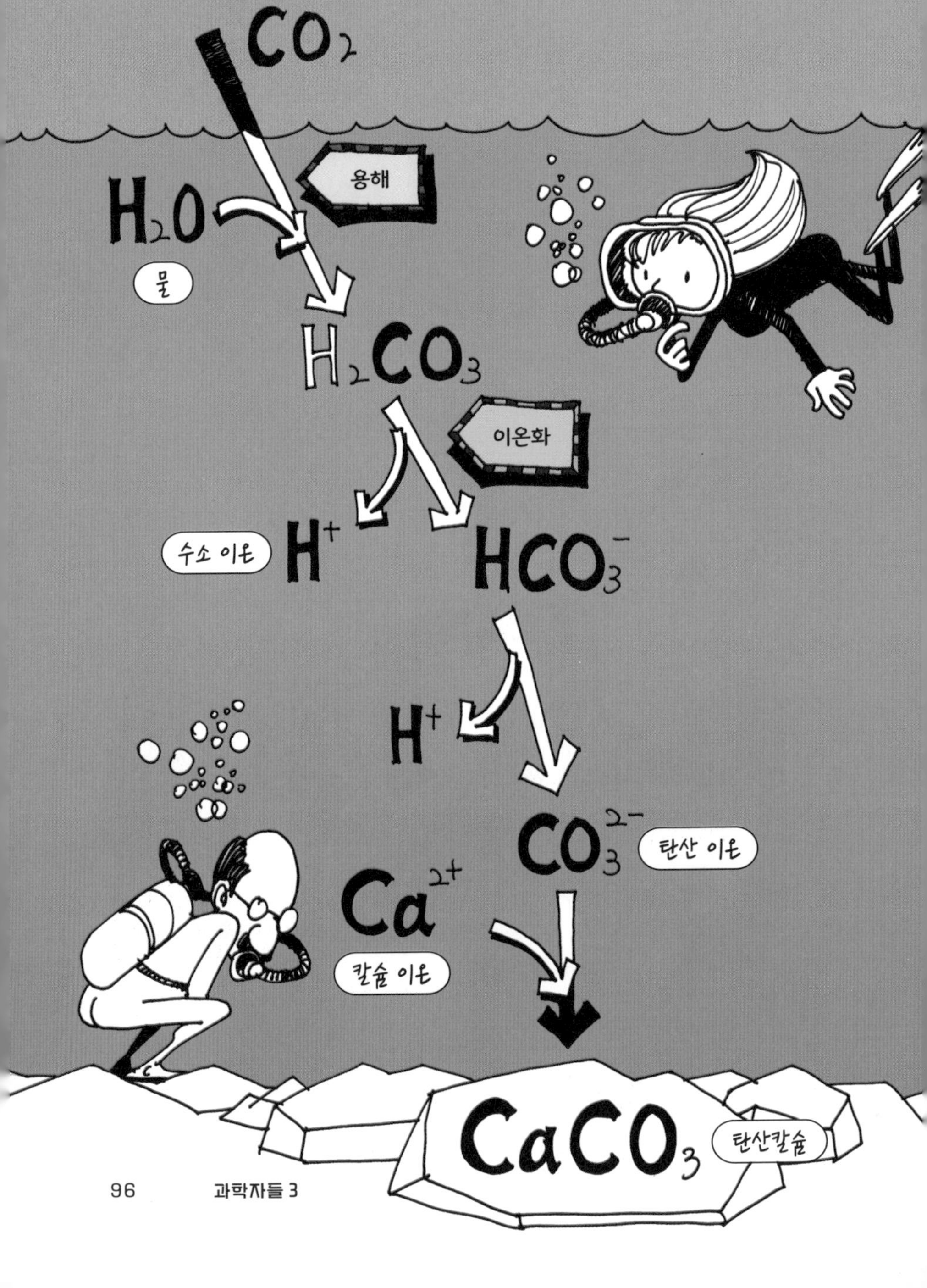

오늘날에도 이산화탄소를 포집하기 위해 주로 석회석을 쓰는 것처럼,

2HCl
석회석에 염산이나 황산을 반응시키면,
$CaCO_3$
CO_2
이산화탄소가 발생.
H_2O
$CaCl_2$

블랙은 석회석을 가열하거나 산과 반응시킬 때 생석회로 바뀌는 과정을 유심히 살폈습니다.

석회석(탄산칼슘)이 생석회(산화칼슘)로 변할 때,
CaCO3 → CO2 CaO

뭔가 느낌이 들어.
우리가 빠져나간다는 사실을 저 사람이 알아차릴 것 같다.

실험 과정에서 그는 반응 전과 후에 생성되는 물질의
무게를 측정하는 일에 집착했는데,

뭐 하니?
저울에 달아보려고요.
여태 아무도 그런 짓 안 했는데 왜 하는 거니?
호기심 혹은 어떤 숙명이라는 느낌이 드는데요?

덕분에 당시까지 아무도 눈치 채지 못했던 중요한 사실을 블랙은 놓치지 않았던 거죠.

줄었어요.
뭐가?
무게요.
다이어트 했니?
제 몸무게 말고요.

바로 반응 전의 물질에 비해 반응 후 생성된 물질이 가벼워졌다는 사실이었습니다.

가벼워졌다는 건 뭔가가 빠져나갔다는 거잖아요?
뭐 나가는 거 봤어?
안 보였으니까 기체일 겁니다.
말이 돼?
말보다 증거죠.

변화 과정에서 물이나 다른 것들이 전혀 검출되지 않았다는 점이 확신을 더욱 뒷받침해 주었습니다.

사라진 것이 기체의 무게라는 사실을 증명해야겠어요.
신약 개발은 중단하고?
돈이 문젭니까? 역사에 이름을 남기게 생겼는데.

그는 기체를 포집해서 여러 실험을 해본 끝에,

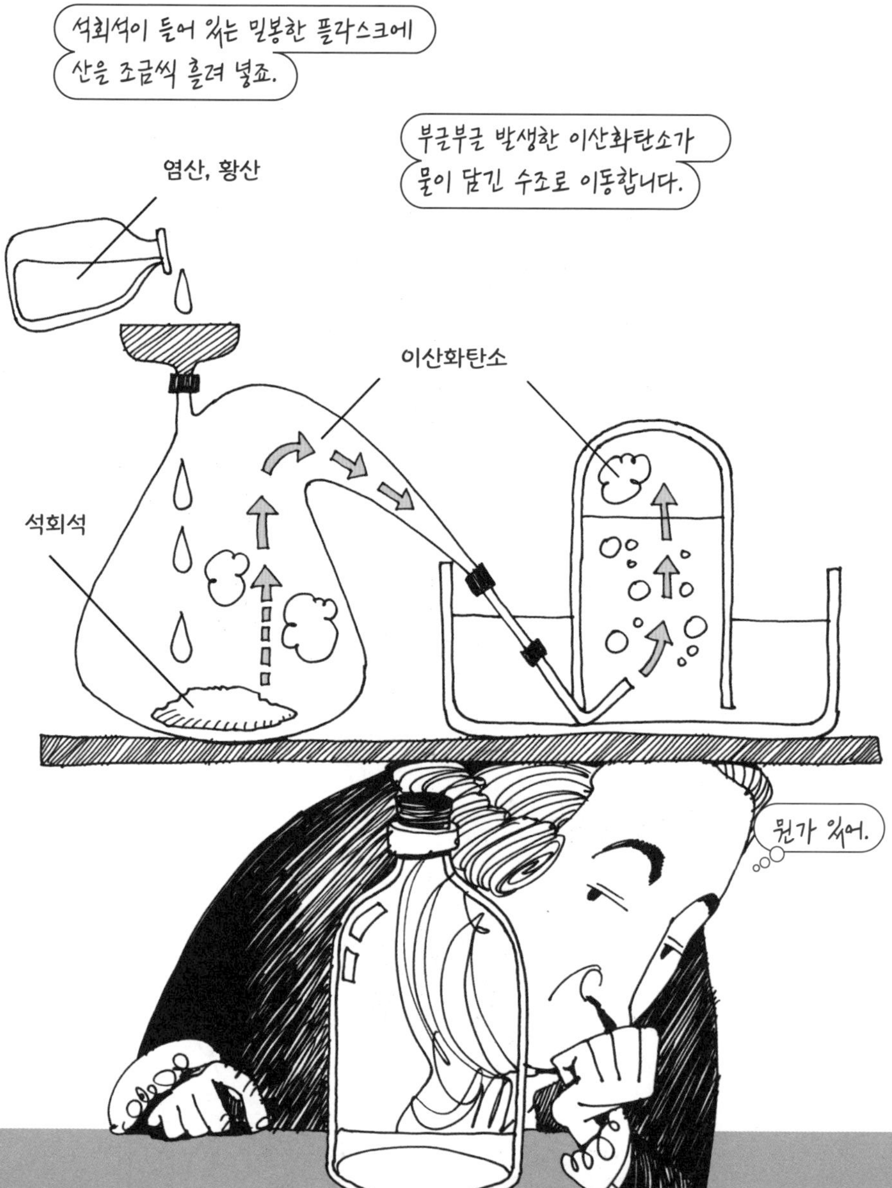
석회석이 들어 있는 밀봉한 플라스크에
산을 조금씩 흘려 넣죠.
부글부글 발생한 이산화탄소가
물이 담긴 수조로 이동합니다.
염산, 황산
이산화탄소
석회석
뭔가 있어.

기체의 성질을 알 수 있었습니다

잘 타던 촛불을 꺼뜨려요.
동물이 내뱉는 날숨에도
같은 종류의 기체가 있어요.
대기 중에도 이 기체가
포함되어 있어요.
이걸 물에 녹이면 탄산음료?

그리고 자신이 발견한 기체에 이름도 붙였습니다.
'고정된 기체(fixed air)'라고 말이죠.

Fixed air
석회석에 붙잡혀 있던 공기니까.
왜 좀 더 화학적인 이름으로 부르지 않고?
산소니 탄소니 공유결합이니 하는 걸 그땐 몰랐거든.

블랙은 이른바 고정된 기체에 관한 모든 연구 결과를 모아 1754년 논문을 제출하고 1756년 정식으로 출판했습니다.

그걸로 난 단번에 과학계에서 주목받는 명사가 되었어요.
저기, 미스터 블랙이다!
아리스토텔레스를 물리쳤대!
어깨에 힘 들어간 거 봐.

이산화탄소라는 특별한 성질의 기체가 발견됨으로써
공기에 대한 기존의 개념이 바뀌게 되었고,

공기 중에 얼마나 많은 기체가 있는 걸까?
기분 좋아지는 기체도 있을까?
마시면 무지 머리 아픈 것도 있겠지?

아울러 블랙의 연구 사례를 통해 과학계에서는 정량적 실험 방법이 얼마나 중요한지를 깨닫게 되었던 겁니다.

확실한 물증을 얻기 위해 뭐가 필요하지?
제대로 된 저울입니다.
누가 가르쳐줬지?
미스터 블랙입니다.

블랙은 또 물과 수증기에 관한 연구에서도 탁월한 성과를 올렸습니다.

잠열이라고 들어봤어?
그걸 내가 처음 발견했어요.
잠열?

잠열, 즉 숨은열은 물질이 상태 변화를 할 때 흡수하거나 방출하는 열입니다. 이때는 열의 출입이 있지만 모두 물질의 상태 변화에 쓰이기 때문에 물질의 온도가 변하지는 않지요.

예를 들어, 물에 든 고체 상태의 얼음이 녹아
액체인 물이 되려면 열이 필요해요.
녹는점에서 액체로 변하는 동안
온도 변화 없이 열을 흡수합니다.
어디서?
컵에 담긴 물에서 열을 가져가죠.
그래서 물이 차가워지죠.

끓는점에 도달한 물이 수증기로 변할 때도 물의 온도는 100℃에 머뭅니다.

숨은열을 연구할 때
내가 누구와 함께 있었게요?
누구?
증기기관을 만든 그 유명한 제임스 와트.
100℃

기체에 대한 블랙의 집요한 호기심과 연구는
근대 화학의 문을 여는 열쇠가 되었을 뿐 아니라,
산업혁명에도 중요한 단서를 제공한 셈입니다.

제임스야, 너 내 말 무슨 말인지 알겠지?
위스키 만드는 애들한테는 소귀에 경 읽기더라고.

04

플로지스톤을 믿은 과학자들

캐번디시와 프리스틀리

Henry Cavendish (1731~1810)
Joseph Priestley (1733~1804)

캐번디시는 영국의 화학자이자 물리학자이다. 수소 기체를 발견했고, 수소가 산소와 결합하면 물이 된다는 사실을 알아냈다. 프리스틀리는 영국의 성직자이자 화학자로 산소 기체를 처음 발견함으로써 화학반응에서 원소, 화합물에 대한 개념을 새롭게 이해하도록 했다.

18세기 후반까지도 많은 과학자가 불이란

물질에 든 플로지스톤이 방출되는 것이라고 생각했지요.

수소를 비롯한 많은 기체를 발견한

헨리 캐번디시도 플로지스톤을 믿는 편이었고,

조지프 프리스틀리는 산소를 발견하고도

여전히 플로지스톤을 믿은 탓에

화학 발전에 크게 기여한 공로를

다른 이에게 넘겨줘야 했습니다.

불은 강렬한 빛을 내며 뜨겁게 타오릅니다.

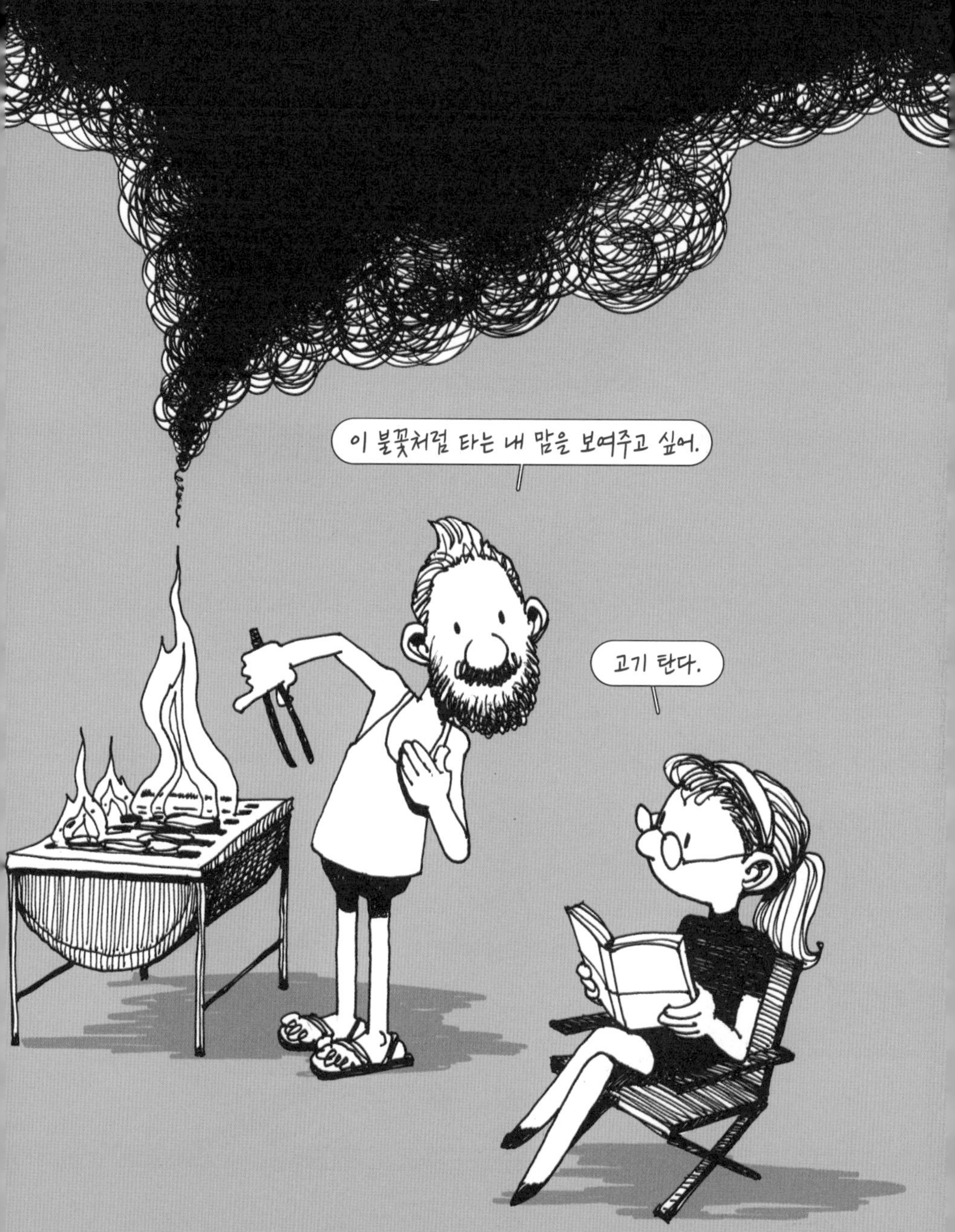
이 불꽃처럼 타는 내 맘을 보여주고 싶어.
고기 탄다.

하지만 불은 어떤 물질이 아니라 연소 과정에서 생기는 현상이죠.
산소와 결합해서 산화되는 거지.
금속이 녹스는 것처럼.
당신이 내 맘을 아프게 하는 것처럼?
심전도 검사 받아봐.

하지만 오래전 사람들은 불을 그 자체로 물질이라 여겼고,

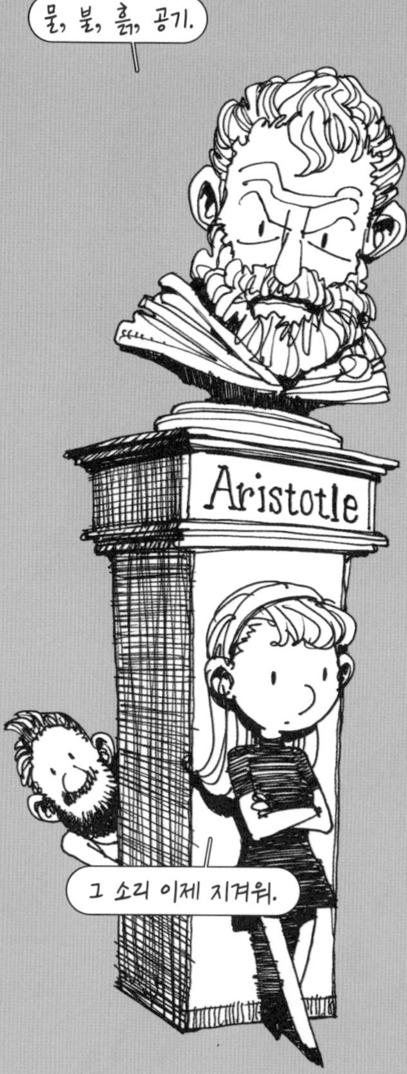
물, 불, 흙, 공기.
Aristotle
그 소리 이제 지겨워.

활활 타는 불길은 어떤 물질이 빠져나가는 것이라고 생각했죠.

가까이서 자세히 봐.
뭔가 나가는 게 보이지?
지겨워.
G.E.Stahl
눈썹 타는 건 느껴져요.

오늘날 과학 지식으로 보자면 공기 중의 산소는 물질이 타는 연소 과정에서 점점 줄어드는데, 당시 사람들은 반대로 물질이 탈수록 주변의 공기가 점점 늘어난다고 생각했던 것입니다.

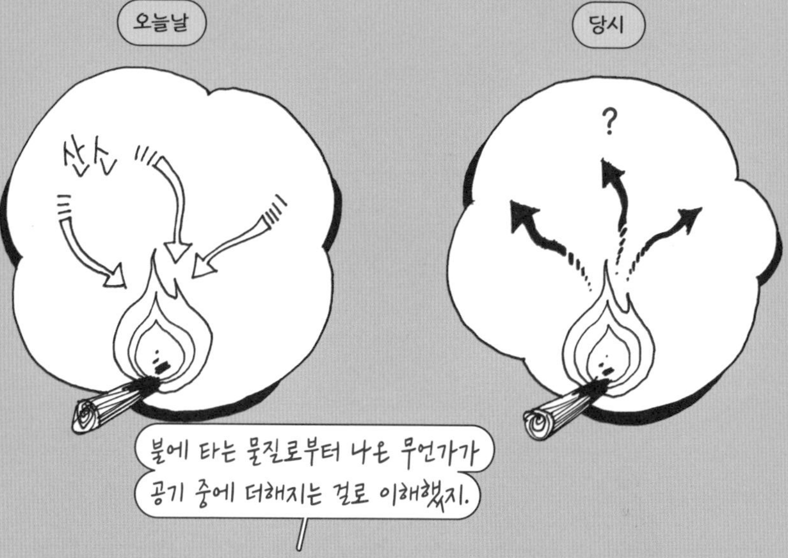
오늘날
당시
산소
?
불에 타는 물질로부터 나온 무언가가
공기 중에 더해지는 걸로 이해했지.

알다가도 모르겠네.

근대 과학의 시대에 저명한 과학자들마저 현혹했던 그 가상의 물질이 바로 '플로지스톤'입니다.

이름은 내가 붙였어.
내 이름은 게오르크 에른스트 슈탈.
있지도 않은 것에
이름 붙인 거 말고
달리 하신 건 뭐?
그거에 다 가려졌어.
G.E.Stahl

당시로서는 플로지스톤 이론을 믿은 과학자들의 주장이 그리 터무니없진 않았습니다.

무작정 우기는 게 아냐. 잘 보라고.
뭐 하시게?
일단 태워야지.

예를 들어, 나무가 탈 때 자세히 들여다보면
뭔가 빠져나가는 것처럼 보이지 않나요?
자세히, 더 자세히, 보일 때까지 자세히.
불구경 볼만하네요.

게다가 다 타고 나면 재가 남는데 그 무게가 실제로 뭔가 빠져나간 것처럼 가볍습니다.

잘 타는 것일수록 플로지스톤을 많이 함유한 거라고 추측했을 테지.
나도 가벼워졌을까요?

그들은 폐쇄된 공간에서 산소가 소진되었을 때
연소가 끝나는 것도 나름대로 해석했습니다.

빠져나간 플로지스톤이
공간에 꽉 차게 되면 타다 마는 거지.
다 태우려면 집 평수를 넓혀야겠네요.

그런데 금속은 사정이 달랐습니다.
금속이 산화되면 전보다 더 무거워지거든요.

무게가 늘었습니다.
그게 말이 돼?
말 나올 텐데요.
그러게 쇠붙이는
왜 태웠냐?
금속
산화 금속

플로지스톤을 포기하지 못한 과학자들은
별별 억측을 다 하며 가상의 물질을 수호했습니다.

음의 플로지스톤이라고 들어는 봤니?
아뇨.
당연하지. 방금 생각해 낸 거니까.
기가 딱 막힙니다.

이후 18세기 후반 산소의 발견으로 연소 과정이 새롭게 정의되었고, 그제야 불을 설명하는 잘못된 단서였던 플로지스톤은 역사의 뒤안길로 사라지게 됩니다.

C.W. Scheele
J. Priestley
A. de Lavoisier
산소는 누가 발견했어?
나!
나지.
날걸?
다들 자기라 그러네?
좀 복잡해. 이따가 얘기해.

어쨌든 그 와중에도 과학자들은 각자의 관점에 따라 기체 연구에 정진했습니다. 1754년 블랙이 이산화탄소를 처음 발견했고,

블랙이 이산화탄소를
고정된 기체라고 부른 거 기억하지?
Joseph Black
(1728 - 1799)

두 번째로 발견된 기체는 수소입니다.

내가 발견했어. 1766년쯤이었지.
이름이?
헨리 캐번디시야. 엄청 부자였어.
그건 안 여쭤봤는데?
그냥 부자가 아니라 어마무시한
부자라서 하는 소리야.

캐번디시는 아연이나 철, 주석 같은 금속이 산과 반응할 때 기포가 발생하는 걸 확인했습니다.

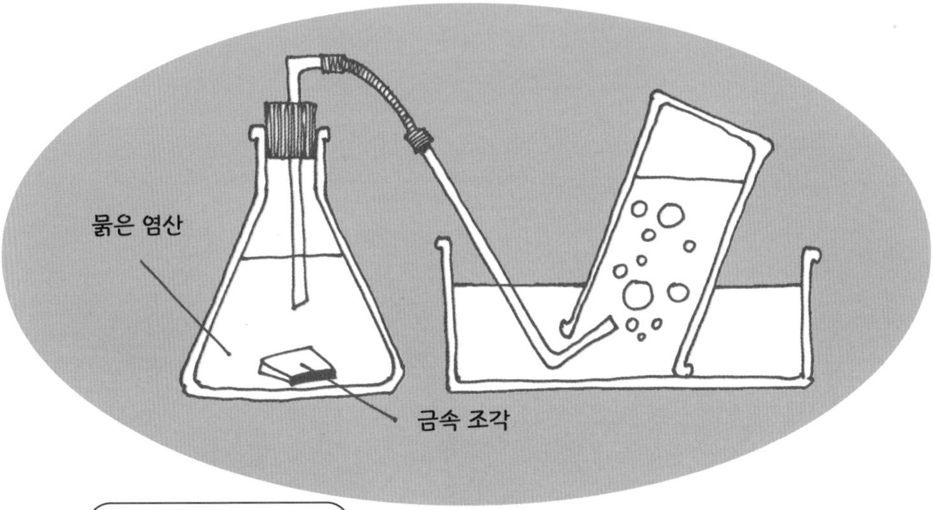
묽은 염산
금속 조각

그건 일반 공기와 달랐어.
물론 고정된 기체도 아니었지.
새로운 기체가 분명했어.
기뻤겠네요?
안 그래도 부자였는데 말이지.
무슨 상관이래요?

수소 기체는 금속이 산에 녹는 과정에서 발생하는데,
캐번디시는 기체가 금속에서 방출된다고 생각했습니다.

그리고 실험 과정에서 기체가 불에 타는 걸 보고
'가연성 공기(inflammable air)'라는 이름을 붙였죠.

무게를 측정하고 밀도를 계산해 봤어.
그랬더니요?
일반 공기 밀도의 약 14분의 1 정도 되더라고.
하늘을 나는 수소 기구를 발명할 수도 있었겠네요?
발명은 해서 뭐 해?
말도 못 할 정도로 부자였다니까.

1781년 캐번디시는 수소를 연소시키면 산소와 결합해 물이 된다는 사실도 알아냈습니다.

산소
수소
물
산소 얘긴 왜 건너뛰어요?
산소 얘긴 좀 길어. 내 얘기 끝난 다음에.

그때는 이미 산소가 발견된 뒤였지만, 산소와 수소가 1 : 2의 부피비로 결합해 물이 생성된다고 추론한 그의 실험과 직관은 놀라운 것이었습니다.

가연성 공기와 일반 공기를 혼합해
폭발시킨 용기 안쪽에 이슬이 맺히더라고.
펑
그건 순수한 물이었어
물의 화학식을 입증한 셈이네?

산소의 발견은 다른 어떤 기체의 발견보다도 극적이었습니다.

산소의 발견과 함께 화학혁명의 시대가 열렸지.
발견은 내가 원조야.
증거 있어?
논문들 썼어?

산소를 최초로 발견한 사람이 누구인지는 관점에 따라 다를 수 있지만 프리스틀리의 역할이 결정적으로 중요했던 점은 분명합니다.

접니다!
과학자셨나요?
본업은 목사였습니다.
의외네요?
목사라고 무식하란 법 있습니까?

그의 기체 연구는 당시 고정된 기체로 알려진 이산화탄소를 양조장에서 발견하면서 시작되었습니다.

술이 발효되는 통 위에 기체 층이 형성되는 걸 보고 딱 감 잡았어요.
어떨게요?
촛불을 갖다 대니 꺼지더라고요. 고정된 기체였죠.

그리고 그 기체를 물에 녹이면 인공 소다수가 된다는 것도 알게 되었습니다.

탄산음료를 발명했겠군요?
알면 됐지 발명을 왜 해요?
부자였나요?
목사였다니까요.

프리스틀리는 살림이 넉넉하지 않았지만 셸번 백작의 배려로 과학에 대한 호기심을 충족시킬 수 있었습니다.

제 인품에 반하신 겁니까?
딱히 할 일 없는 내 사서로 있으면서 연구나 하게.
자네가 만든 소다수에 반했지.

프리스틀리의 가장 중요한 업적은 1774년 8월 1일에 일어났습니다. 밀폐된 플라스크에 산화수은을 넣고 가열하는 과정에서 신기한 현상이 나타났던 것입니다.

이렇게 기체를 포집할 수 있게 한 다음,
태양열을 렌즈로 모아 쏘았지!
그랬더니 뭐가 나왔는지 알아?
산화수은
뭐요?
순수한 수은과 마시면 뻥 가는 공기!

그 공기는 촛불을 더 잘 타게 하고, 마시면 기분도 좋아지는
특별한 기체였습니다.

쥐 두 마리도 마시고 좋아서
어쩔 줄 몰라 하며 오래 살았대요.

그 특별한 기체는 산소였기 때문에 연소를 돕는 것이 당연했지만, 프리스틀리는 플로지스톤에 발목이 잡혔습니다.

이 기체 속에서 더 잘 타는 건, 플로지스톤이 더 잘 빠져나올 수 있다는 거겠지?
예?
그러니까 이 기체는 보통 공기와 달리 플로지스톤을 받아들일 여유가 많다는 거겠지?
점점?
이건 플로지스톤이 없는 기체야.
맙소사.

공식적으로 산소의 최초 발견자인 프리스틀리는 자신이 발견한 기체에 '탈플로지스톤 공기(dephlogisticated air)'라는 이름을 붙였습니다.

탈플로지스톤 공기라니!
내가 생각해도 내가 너무 대견하다.
산소 드시고 들뜨셨네.

프리스틀리는 불의 비밀을 풀고 가장 위대한 근대 화학자로 이름을 남길 수도 있었지만 연소 과정을 설명하기에는 역부족이었나 봅니다.

생각할수록 너무 대견하다.

그럼에도 프리스틀리는 자신의 식견을 제대로 검증받기 위해
누군가를 찾아갔습니다.

계십니까?
왜 찾아간 거지?
기분 좋은 기체를 많이 마셔서 기분이 좋은 나머지
터놓고 얘기하고 싶었나 보지.

그 사람은 바로 앙투안 라부아지에였습니다.

05

화학혁명의 비극

앙투안 라부아지에

Antoine Lavoisier (1743~1794)

프랑스의 화학자. 다수의 과학자들과 달리 플로지스톤의 존재를 믿지 않았던 라부아지에는 새로운 연소 이론을 확립했고, 꾸준한 정량적 실험을 통해 질량 보존의 법칙을 세웠다.

산소, Oxygen, 원소기호 O, 원자번호 8번,

일반적으로 원자 두 개가 결합한 기체 상태로 존재.

18세기 산소의 정체가 밝혀졌던 때를

사람들은 화학혁명의 시대라고 부릅니다.

그 시대를 연 주인공은 앙투안 라부아지에였습니다.

1774년 영국의 프리스틀리가 파리의 라부아지에를 찾아왔습니다.

난 목사 겸 과학자인 프리스틀리요.
어쩐 일이신지?
칭찬 받으려고 왔소.

그 무렵 프리스틀리는 새로운 기체를 발견한 터라 적잖이 들떠 있었습니다.

내가 글쎄 대견하게도
탈플로지스톤 공기를 찾았지 뭐요.
그게 뭔데?
뭔가 잘 타도록 하는 공기요.
이름은 누가?
대견하게도 내가 지었죠.

프리스틀리는 자신의 발견에 대해 장황하게 설명했겠죠?

수은재를 가열해서 얻은 건데 말이오. 글쎄 이 기체 속에서 촛불이 활활 더 잘 타지 뭐요. 그러니까 이것은 물질이 탈 때 플로지스톤이 더 잘 빠져나오도록 하는 기체다 그 말씀이오. 다시 말해 이것은 플로지스톤이 없는 기체다 그 말씀이지요.
머라카노?

하지만 얘기를 듣는 내내 라부아지에는 머릿속으로
딴생각을 하고 있었을 겁니다.

활활 탈 때 뭐가 빠져나오는 게 아니고,
뭔가 더해진다는 느낌적인 느낌이 드는데.
사람이 말하는데 딴생각하고 있는 거요?

라부아지에는 당시 다수의 과학자들이 생각했던 것과 달리
플로지스톤의 존재를 믿지 않았기 때문입니다.

플로지스톤 타령 지겹다니까.
오히려 물질이 타는 건 어떤 공기가 더해지는 현상일 거라고.
내 말이 너무 어려워서 그러시오?

그는 프리스틀리가 말한 기체가 자신이 최근에 실험을 통해 추측했던 연소와 **하소***에 직접 관여하는 기체일 거라고 생각했습니다.

* **하소**
고체를 가열해서 열분해하거나 휘발 성분을 제거하는 열처리 과정.

이 자가 발견했다는 공기가
어쩌면 내가 생각하는 그건가?
반응이 별로니 난 가겠소.

그 기체는 바로 산소입니다.

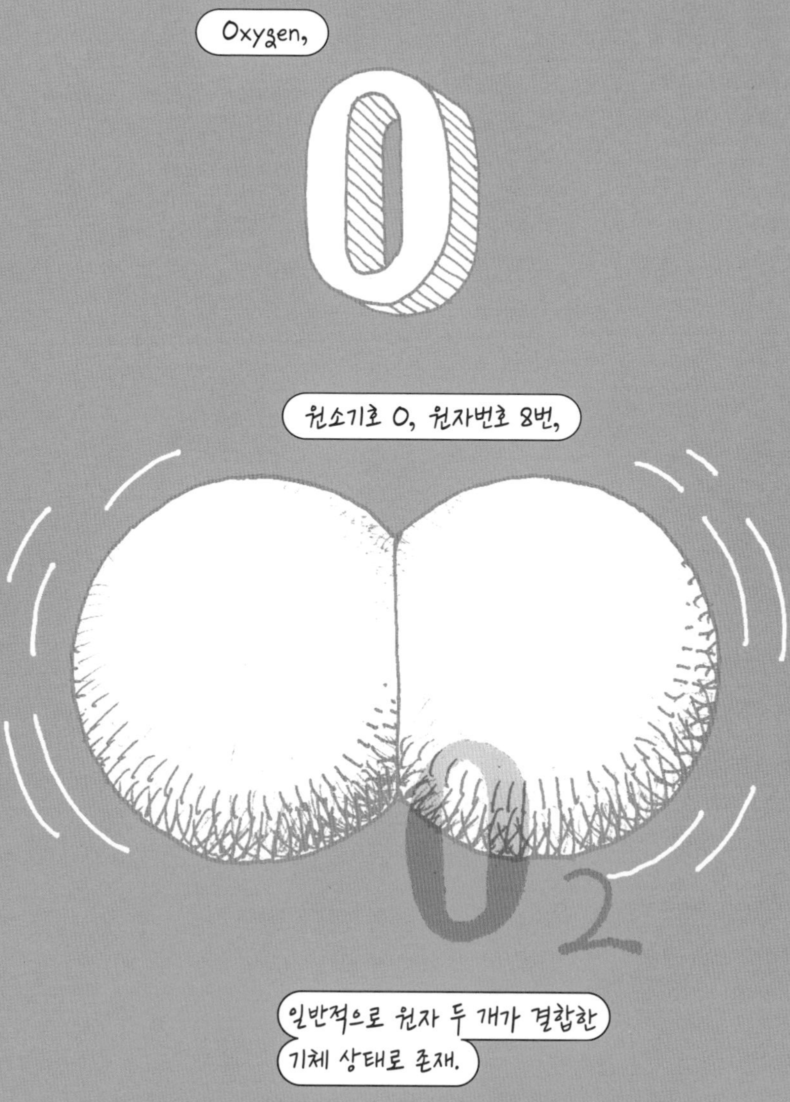

Oxygen,
O
원소기호 O, 원자번호 8번,
O_2
일반적으로 원자 두 개가 결합한
기체 상태로 존재.

프랑스의 명문가에서 법관의 아들로 태어난 라부아지에는 아버지의 바람대로 법관이 되기 위해 공부했습니다.

우리가 대대로 잘 먹고 잘 살려면
어떡해야겠니?
아버지 말씀 잘 들어야죠.
역시 내 아들이네.

그러나 그의 관심은 온통 과학이었습니다.

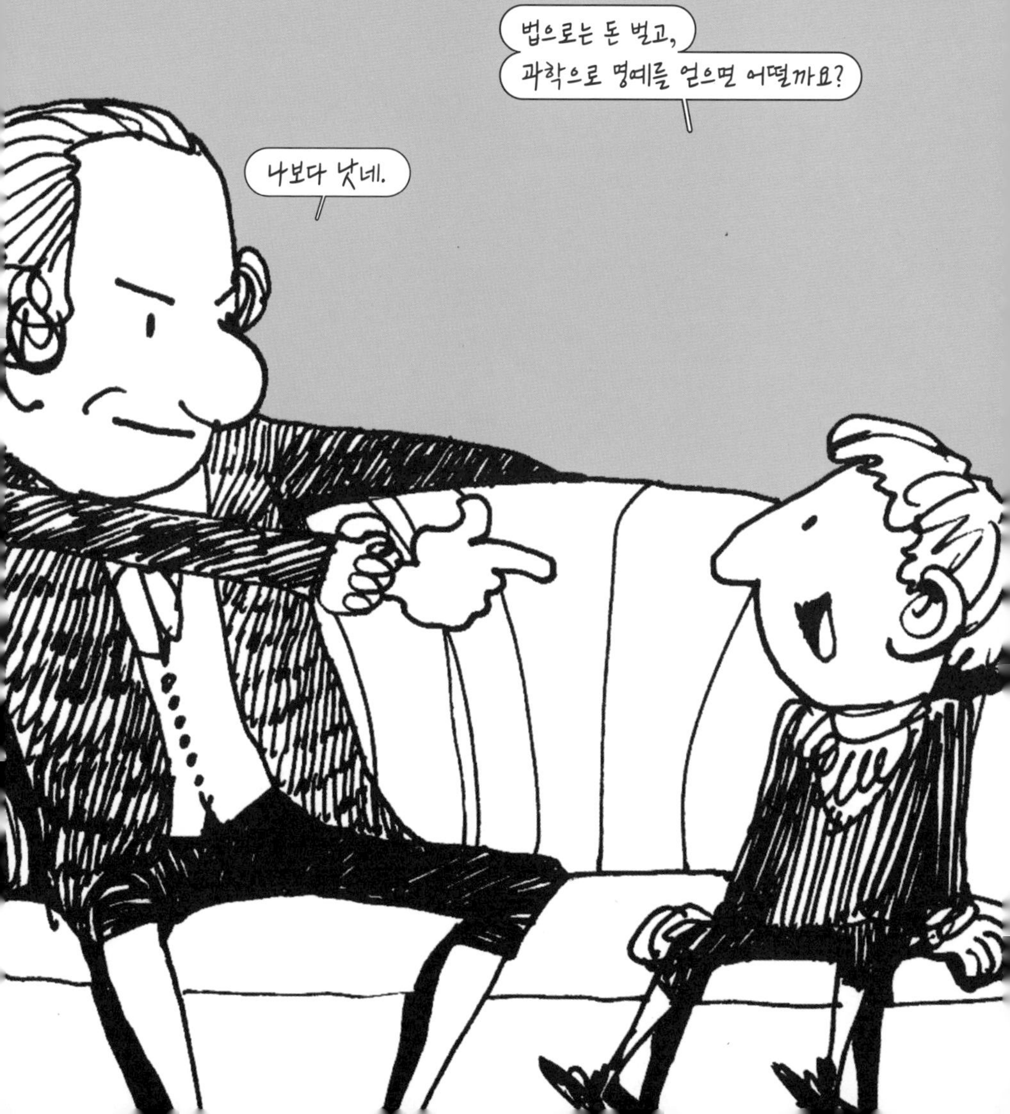
법으로는 돈 벌고,
과학으로 명예를 얻으면 어떨까요?
나보다 낫네.

교수들은 라부아지에의 재능과 열정을 아낌없이 격려하고 후원했으며,

교수님은 저한테 각별하시네요.
재주도 많고 금수저도 문
너 말고 누굴 밀어주겠니?

라부아지에는 그에 보답이라도 하듯 강의, 연구, 탐험 등에 열심이었습니다.

루엘 교수의 화학 강의,
게타르 교수의 지질학 탐험….

참 부지런하네.
이게 다 꼭 뭘 바라고 하는 거 맞아요.

덕분에 라부아지에는 남들보다 일찍 과학 아카데미의 일원이 될 수 있었고 제도권 학회에서 안정된 연구에 전념할 수 있었습니다.

최연소 아카데미 회원이 된 걸 축하하네.
열심히 한 보람이 있네요.

그리고 재물 모으는 일도 게을리하지 않았답니다.

세금 징수 대리인으로
돈 많이 벌었죠.
돈과 명예, 두 마리 토끼 다 잡았네.
욕심 부리다 탈 날 텐데….

라부아지에는 당시 사람들이 가졌던 한 가지 통념을 깨트리면서 과학계의 큰 주목을 받기 시작했습니다.

물을 불로 가열하면
흙이 된다는 생각이었어요.
봐! 물이 다 증발하고
찌꺼기가 남은 거 보이지?
그게 물이 흙으로 변한 거라고?
암!

물, 불, 흙, 공기가 단일 원소라고 생각하지 않았던 라부아지에는 남다른 방식으로 실험을 했습니다.

무게를 재봤어요.
무슨 무게?
가열하기 전과 후의 모든 물질과 기구 몽땅.
그랬더니?
물 담았던 그릇 무게가 줄었어요.
반응 후 남은 찌꺼기만큼.

그래서 얻은 결론은, 물이 흙으로 변한 게 아니라 용기가 녹아서 침전물이 생겼다는 사실이었습니다.

…
나는 너의 일부였어.

그게 그게 아니고 그거였구나?
좀 허무하네.

라부아지에는 화학 연구에서 정량적인 실험이 얼마나 중요한지
누구보다 확실히 깨우쳤던 겁니다.

매사에 정밀하게 무게를 재고 있으면
어떤 말이 자꾸 떠오르는데.
어떤 말?
질량보존이랄까…?

그 무렵 라부아지에는 새로운 실험에 몰두했는데,

주석을 플라스크에 넣고 밀봉한 다음
가열했더니 재가 생겼지.
그리고 플라스크를 물속에 넣고
뚜껑을 열었더니 공기가 줄었더라고.
얼마나?
5분의 1.

그 결과를 통해 공기 중의 일부가 주석과 결합한 것이라는 대담한 생각을 하게 되었고,

주석이 재로 변하면서 늘어난 무게만큼
공기 중의 일부가 결합한 게 확실해.

공기는 단일 원소가 아니라 적어도 두 가지 이상의 혼합물이라는 사실을 증명할 수 있게 되었죠.

공기 중에는 주석과 결합하는 것도 있고
반응하지 않는 것도 있지.

라부아지에는 수은으로 같은 실험을 해보았지만 결과는 마찬가지였습니다.

수은 가열
수은+공기
반응하지 않은 수은+수은재+남은 공기
무게를 재봤더니 딱 맞아떨어지는 거야.

바로 그즈음 프리스틀리가 라부아지에를 찾아왔던 것입니다.

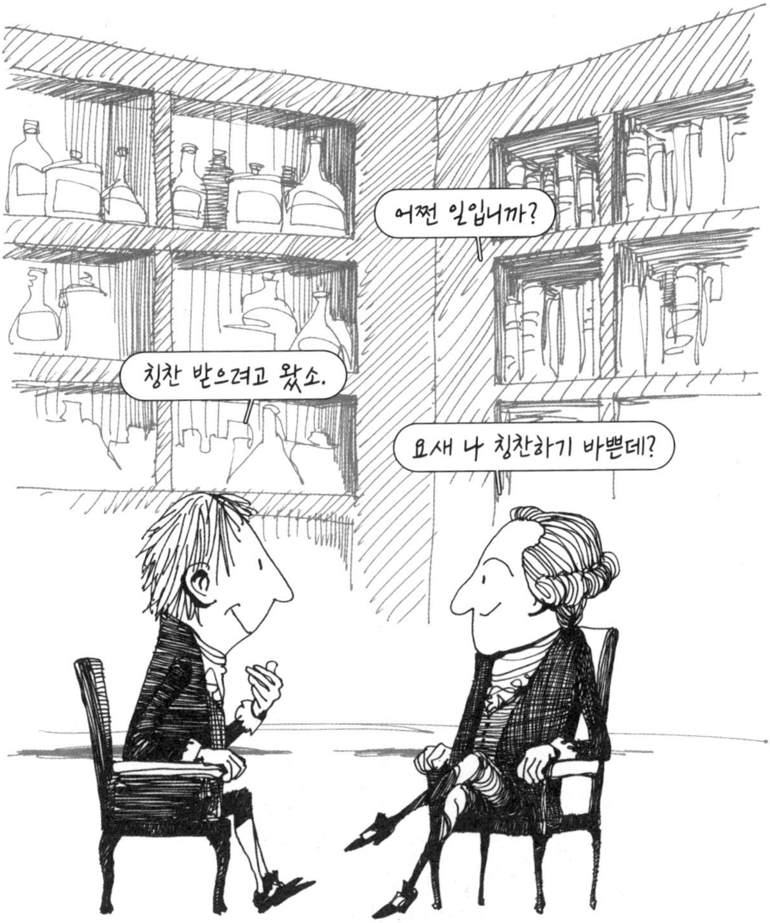
어쩐 일입니까?
칭찬 받으려고 왔소.
요새 나 칭찬하기 바쁜데?

프리스틀리와 라부아지에는 같은 공기를 발견했지만
실험 과정은 정반대였던 거죠.

프리스틀리가 수은재를 가열해서 빠져나온 기체를 얻은 반면,
라부아지에는 수은과 결합한 기체를 관찰하고 있었던 것.

영리한 라부아지에는 프리스틀리가 발견했다는 '탈플로지스톤 공기'가 자신의 실험 과정에서 줄어든 공기와 동일한 것임을 금방 알아챘습니다.

그게 바로 그거다.
후후후....

하지만 그 새로운 기체를 대하는 생각과 방식은 프리스틀리의 경우와 전혀 달랐던 거죠.

플로지스톤이라는 건 대단한 착각이다.

더 나아가 라부아지에는 그 기체가 연소에 어떤 역할을 하는지 증명해 나갔습니다.

물질이 이 기체와 결합하는 과정에서
열도 나고 빛이 나는데,
기체
빛
열
물질
불이야!
그걸 보고 사람들이 불이라고 부르는 거지.

그리하여 물질이 불에 타고 금속이 산화하는 연소와 하소의 비밀을 풀게 되었고, 오랫동안 불을 설명하기 위해 동원되었던 플로지스톤 이론은 비로소 과학의 장에서 자취를 감추게 되었던 겁니다.

라부아지에의 업적에는 그의 부인이자 학문적 파트너였던 마리 앤 라부아지에가 크게 기여했습니다.

내 덕 본 얘기는 왜 안 해?
후날 사람들이 이걸 두고 화학혁명이라고 부르겠지?
Marie Anne Lavoisier

라부아지에는 그 기체에 제대로 된 이름을 붙여주고 싶었습니다.

내가 너의 이름을 불러주기 전에는….
그래서 뭐라고 불러줄 건데?
산소!
왜?
이게 인과 결합해서 인산이 되더라고.
그래서 산성을 만드는 기체라는 뜻으로.

아울러 그때까지 원칙 없이 불리던 원소들을 보다 체계적으로 부르는 명명법도 마련되었습니다.

이름만 들어도 화합물의 구성 요소를 알 수 있게.
예를 들면?
황화납.
황과 납이 결합되었다는 걸 알 수 있지?
원래 이름은 뭐였는데?
갈레나(galena).

꾸준히 정량적인 실험을 한 끝에 중요한 과학의 법칙도 세웠죠.

질량 보존의 법칙!
뭐라고?
반응 전 모든 물질의 총량은
반응 후에도 달라지지 않는다.

화학혁명이라고 불릴 만한 라부아지에의 모든 연구 업적이 수록된 《화학 원론》이 출간된 해는 1789년.

TRAITÉ
ÉLÉMENTAIRE
DE CHIMIE,
PRÉSENTÉ DANS UN ORDRE NOUVEAU
ET D'APRÈS LES DÉCOUVERTES MODERNES,
PAS M. LAVOISIER
A PARIS
프랑스혁명이 일어난 해이기도 하지!

세금 징수원으로 돈을 벌었던 전력이 문제가 되었고,

국민의 고혈을 짜내어 부자가 된
악덕 세금 관리인을 처단하라!
그래도 난 과학잔데?
과학자여도 소용없다!

라부아지에는 결국 1794년 단두대의 이슬로 사라졌습니다.

과학의 역사가 100년을 기다린 자의 목을
단 1초 만에 날렸구나!

—조제프 루이 라그랑주

06

과학에서 산업으로

제임스 와트

James Watt (1736~1819)

영국의 기계 기술자. 실린더와 응축기를 분리하여 열효율이 높아지도록 증기기관을 개량했다. 대기압이 아니라 증기 압력으로 움직이는 피스톤을 고안했다.

자연과학자들이 발휘한 상상력과 검증된 세계관은

근대인들의 지식 체계를 변화시켰고,

18세기에 이르러 과학 원리가 산업에 응용되면서

실제 삶의 모습이 본격적으로 바뀌게 되었습니다.

그 산업혁명의 도화선에 불을 붙인 장본인은

제임스 와트였습니다.

르네상스 시대부터 꾸준히 축적된 자연과학자들의 수많은 발견과 연구 성과.

지구는 돈다!
피도 돈다!
중력가속도라는 게 있다.
진공은 존재한다.
공기는 혼합물이다.

그 모든 지적 자산을 양분 삼아 실사구시의 꽃을 피운 산업혁명의 주역은 엔지니어들이었습니다.

이제는 부르주아 시대야!
그러니까 과학도
자본주의적으로다가….

산업 분야에 유용한 아이디어로 가장 먼저 채택된 과학 원리는 기체의 성질과 기압 그리고 진공에 관한 것들이었죠.

대기 압력
거의 진공
두 개의 반구를 맞붙인 뒤 공기를 빼내면, 말 열여섯 마리가 양쪽에서 끌어당겨야 겨우 떼어낼 수 있습니다.
뭔 소리야?
반구 속에 있던 공기를 빼냈기 때문에 밖에서 내리누르는 대기압을 이겨낼 방도가 없는 겁니다.

알고 보면 증기의 힘은 대단합니다.

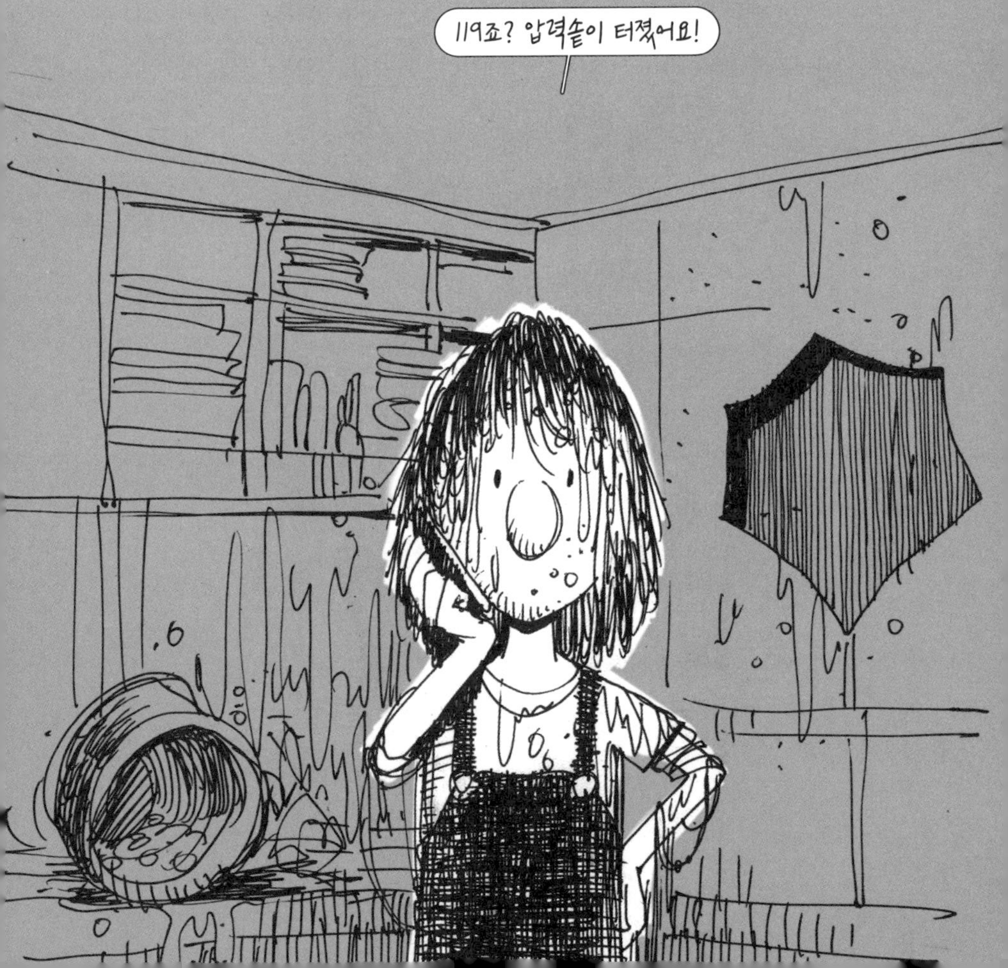
119죠? 압력솥이 터졌어요!

그 힘을 활용한 증기기관의 발달은 곧 산업혁명으로 이어졌습니다.

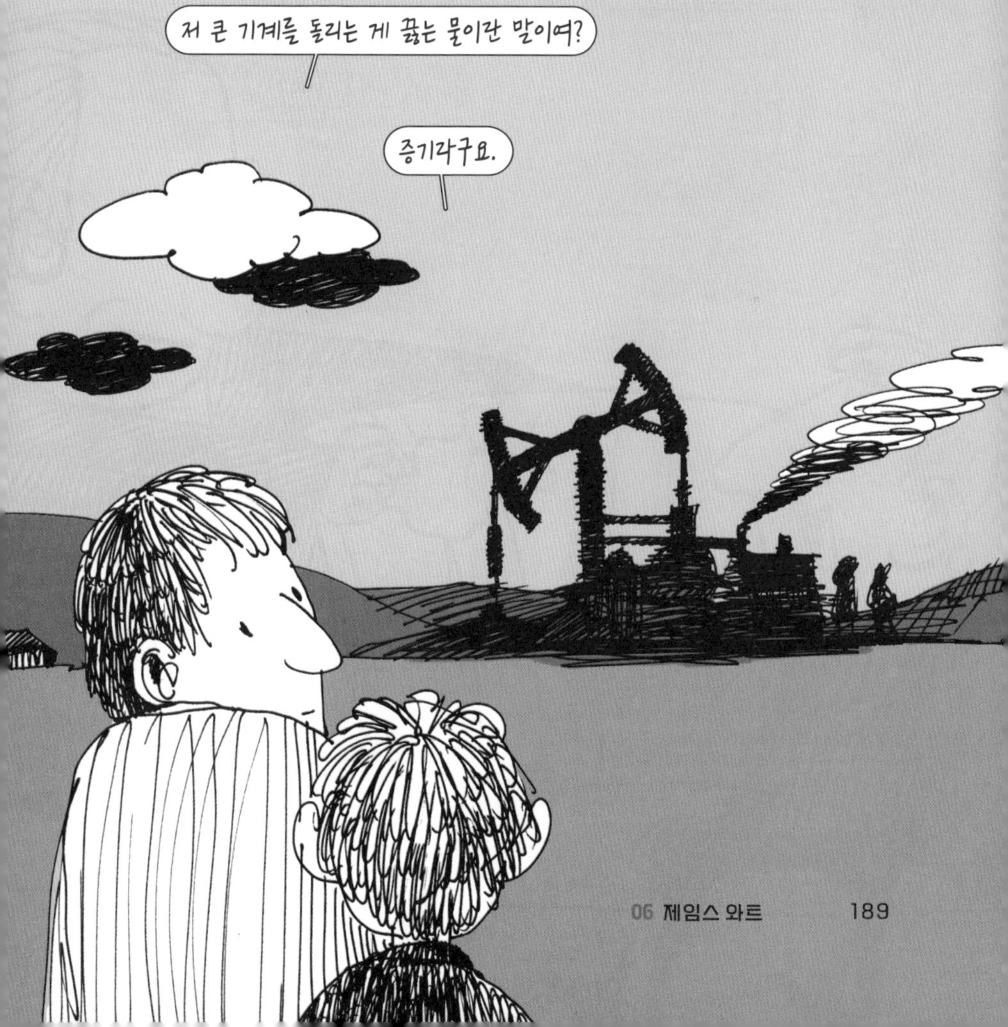
저 큰 기계를 돌리는 게 끓는 물이란 말이여?
증기라구요.

증기기관 하면 제임스 와트를 떠올리지만,
그가 최초로 증기로 움직이는 기계를 만든 건 아닙니다.

그런데 왜 유명하지?
획기적으로 개선하고 수리했죠.
업그레이드했구나.

증기의 힘을 동력으로 삼는 방법을 상상하고 설계한 시도는 아주 오래전부터 있었습니다.

고대 그리스의 헤론

1 century
Heron
증기로 움직이는 장난감 같은 걸 만들었어.

1679년 프랑스의 드니 파팽

Denis Papin
17 century
증기의 압력을 이용한 압력솥을 발명했어.

하지만 1712년에 쓸모 있는 증기 동력 기계를 만든 사람은 영국의 한 철물상 기술자인 토머스 뉴커먼이었습니다.

철물 기술자가 뭐 하는 위인인지 아는가?
몰라.
Thomas Newcomen
많이 배우진 못했어도, 뭐이 중헌지는 아는 사람이지.

뉴커먼이 만든 것은 탄광에 고인 물을 퍼 올리는 일종의 펌프였죠.

깊이 팔수록 물이 차올라서 더는 못 파겠어.
그래서 안 판다고?
내가 광부지, 잠수부여?
내가 한번 해보겠소.
잠수부여?
철물상.

뉴커먼의 증기기관은 양동이와 지렛대로 연결된 피스톤을 움직이는 방식이었습니다.

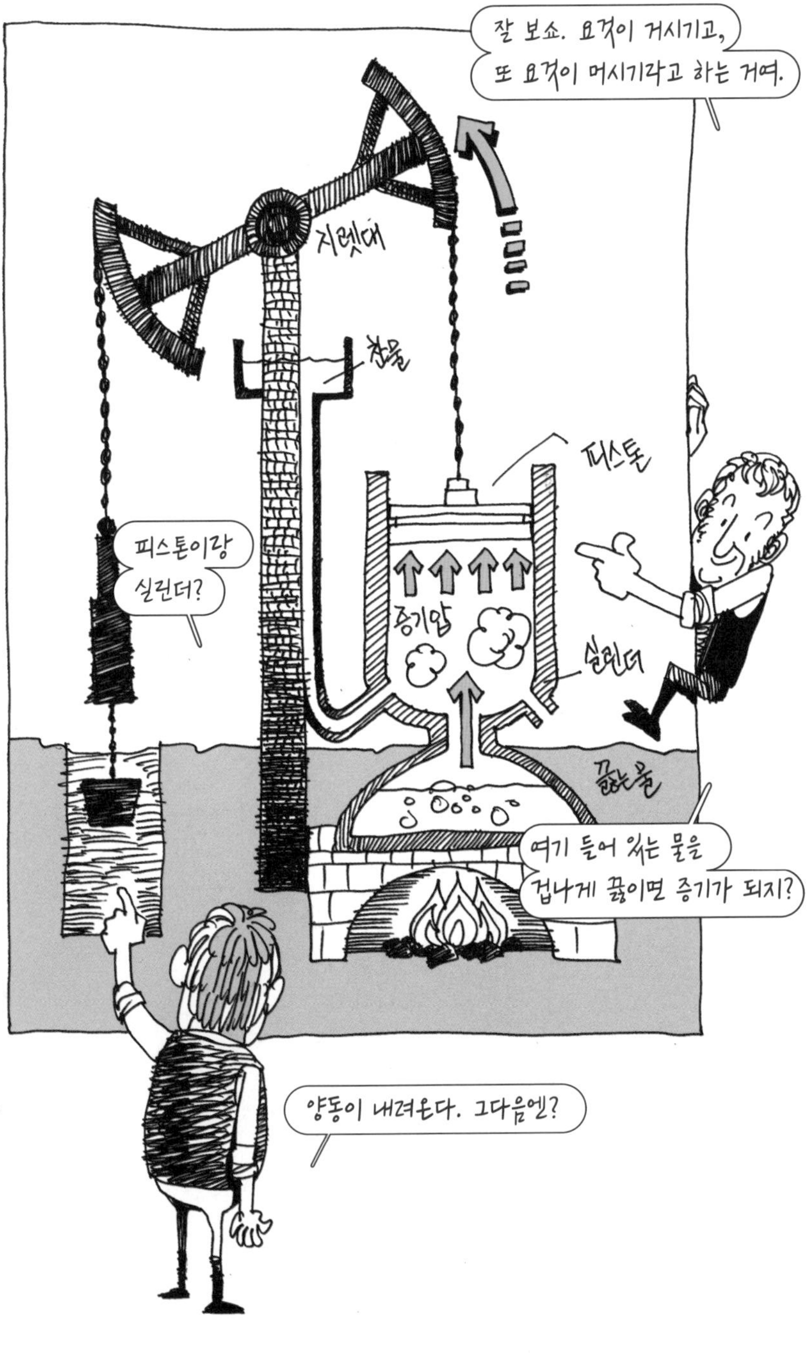
잘 보소. 요것이 거시기고,
또 요것이 머시기라고 하는 거여.
지렛대
찬물
피스톤
피스톤이랑
실린더?
증기압
실린더
끓는물
여기 들어 있는 물을
겁나게 끓이면 증기가 되지?
양동이 내려온다. 그다음엔?

실질적으로 펌프 구실을 하게 만드는 힘은 대기압이었기 때문에 뉴커먼의 기관을 '대기 기관'이라고도 합니다.

곧바로 이 안쪽을 찬물로 확 식혀버리면 증기가 사라지면서 순간 진공이 되지.
대기압
찬물
그러면 대기압이 여기를 꾹 누르면서 양동이를 들어 올리는 거여.
음… 대단하네.

하지만 그 기계는 열효율이 매우 낮았습니다.

증기로 채워지는 실린더 안을 반복해서 식혀야 했기 때문입니다.

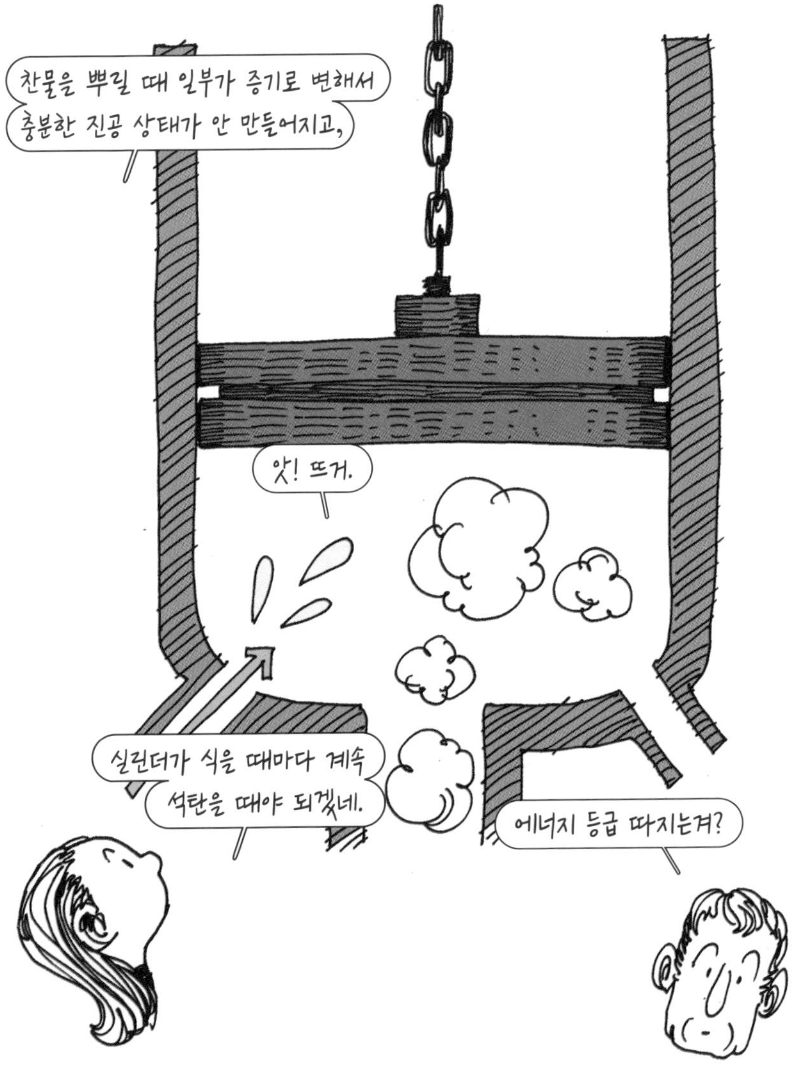
찬물을 뿌릴 때 일부가 증기로 변해서
충분한 진공 상태가 안 만들어지고,
앗! 뜨거.
실린더가 식을 때마다 계속
석탄을 때야 되겠네.
에너지 등급 따지는겨?

그 무렵 스코틀랜드에 총명하고 손재주가 뛰어난 기계 정비사가 있었는데 그가 바로 제임스 와트입니다.

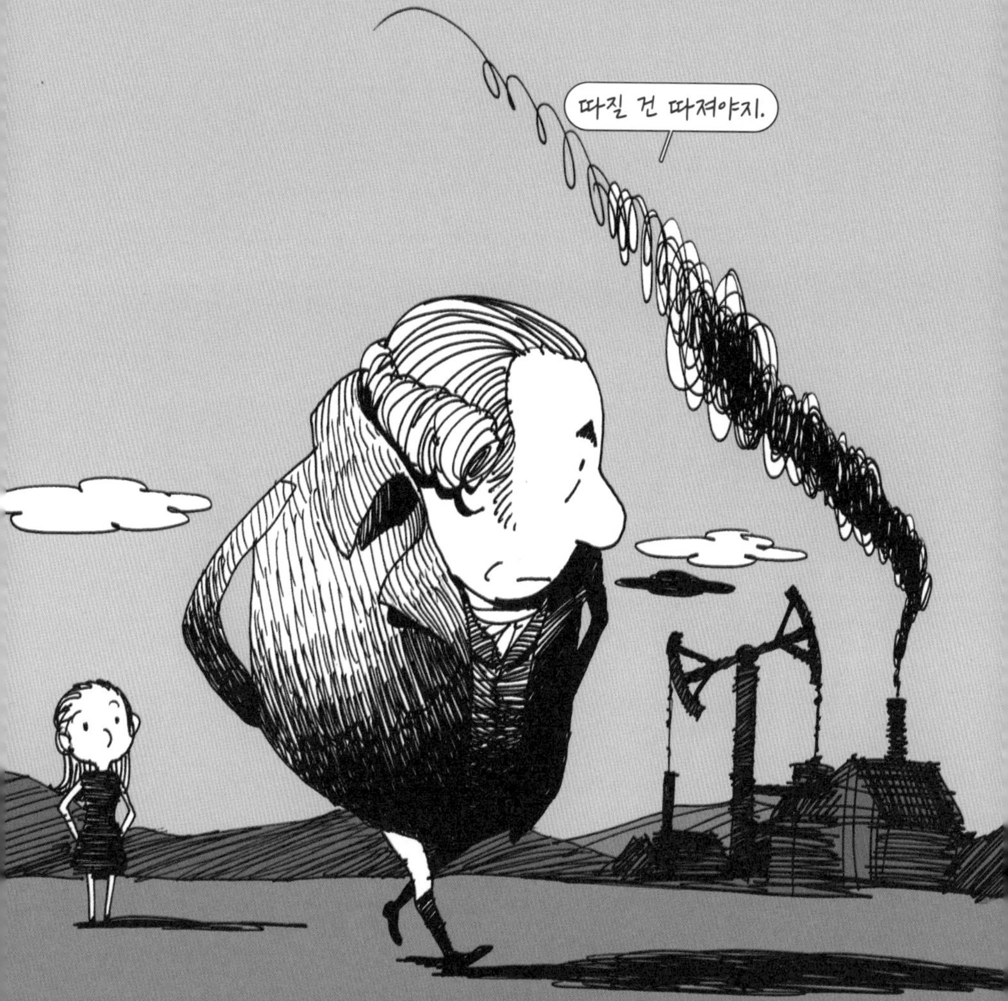
따질 건 따져야지.

와트는 유복한 가정에서 태어났지만 자라면서 가세가 기울어 학업보다는 기술자의 길을 택했습니다.

밥 굶지 않으려면 기술을 익혀야지.

그리고 20대 초반에 인생의 전환점이 될 직장을 얻을 수 있었죠.
바로 글래스고 대학이었습니다.

학교 안에 공업소를 차려서
기계를 관리하고 수리하는 일 맡아보겠나?
무슨 기계?
첨단 천문학 관찰 기구, 각종 실험 기구….

그곳에서 일하면서 조지프 블랙이라는 걸출한 교수와 친구처럼 지냈습니다.

나, 고정된 공기(이산화탄소)를 발견한
스타 교수 조지프 블랙이라고 해.
예~
말 놓아.
응.

블랙은 당시에 연구 중이던 잠열에 대해 와트에게 설명했습니다.

물질은 상태가 변하는 동안 온도가 변하지 않아.
물이 증기로 바뀔 때도 끓는점인 100°C에 머물지.
그게 숨은열, 즉 잠열이야.
암만 불을 더 붙여봤자
석탄 낭비다 그 말이지?

글래스고 대학에 있던 뉴커먼 증기기관의 모형이 고장 난 것도
그 무렵이었을 겁니다.

제임스! 기계 섰다.
저 기계가 맛이 간 것도
결코 우연이 아니지.
뭔 소리여?
역사를 이끄는 이정표인지도
모른다는 얘기.

수리를 맡은 와트는 기계의 근본적인 단점을 금방 파악했고,

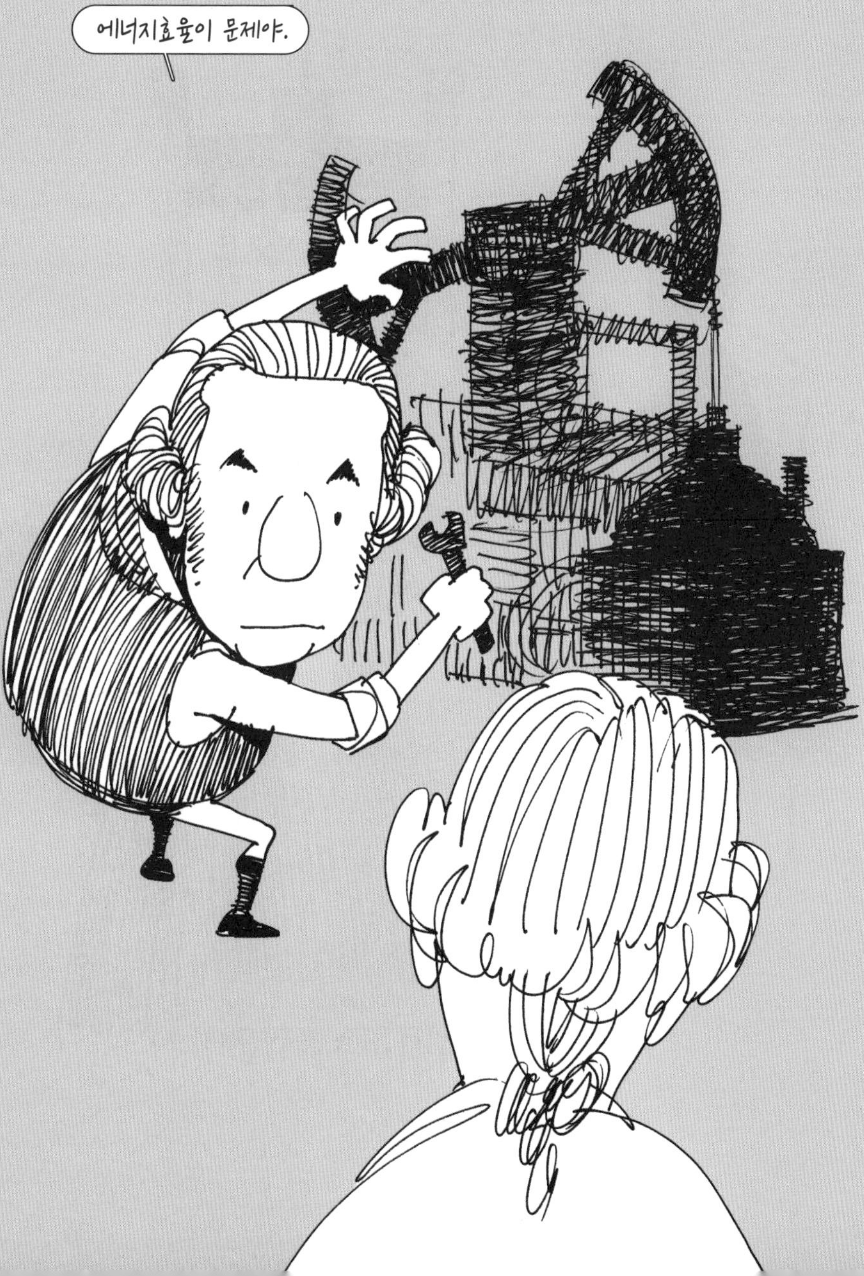
에너지효율이 문제야.

열효율 문제를 개선할 수 있는 방안에 대해 궁리하기 시작했습니다.

뭐 하러 쓸데없이 실린더를 계속 데웠다 식혔다 하냐고?
피스톤을 올렸다 내렸다 하려면 별수 없잖아?

문제는 실린더 내부의 온도를 유지하면서도 피스톤이 작동될 수 있느냐였고,

매번 찬물로 식히지 않고서도
진공을 만들 방법이 있을 거야.

와트는 이에 대한 해답을 찾았습니다.

실린더와 분리된 응축기를 설치하는 거다!
실린더
응축기
보일러
실린더 내부 온도를 끓는점에 계속 두고도 진공 상태를 만들 수 있다고.
획기적이네!

더 나아가 대기압이 아니라 순수하게 증기압만으로 피스톤을 작동시키는 효율이 높은 증기기관을 만들어냈습니다.

1769년 와트는 이 기술의 특허를 냈습니다.

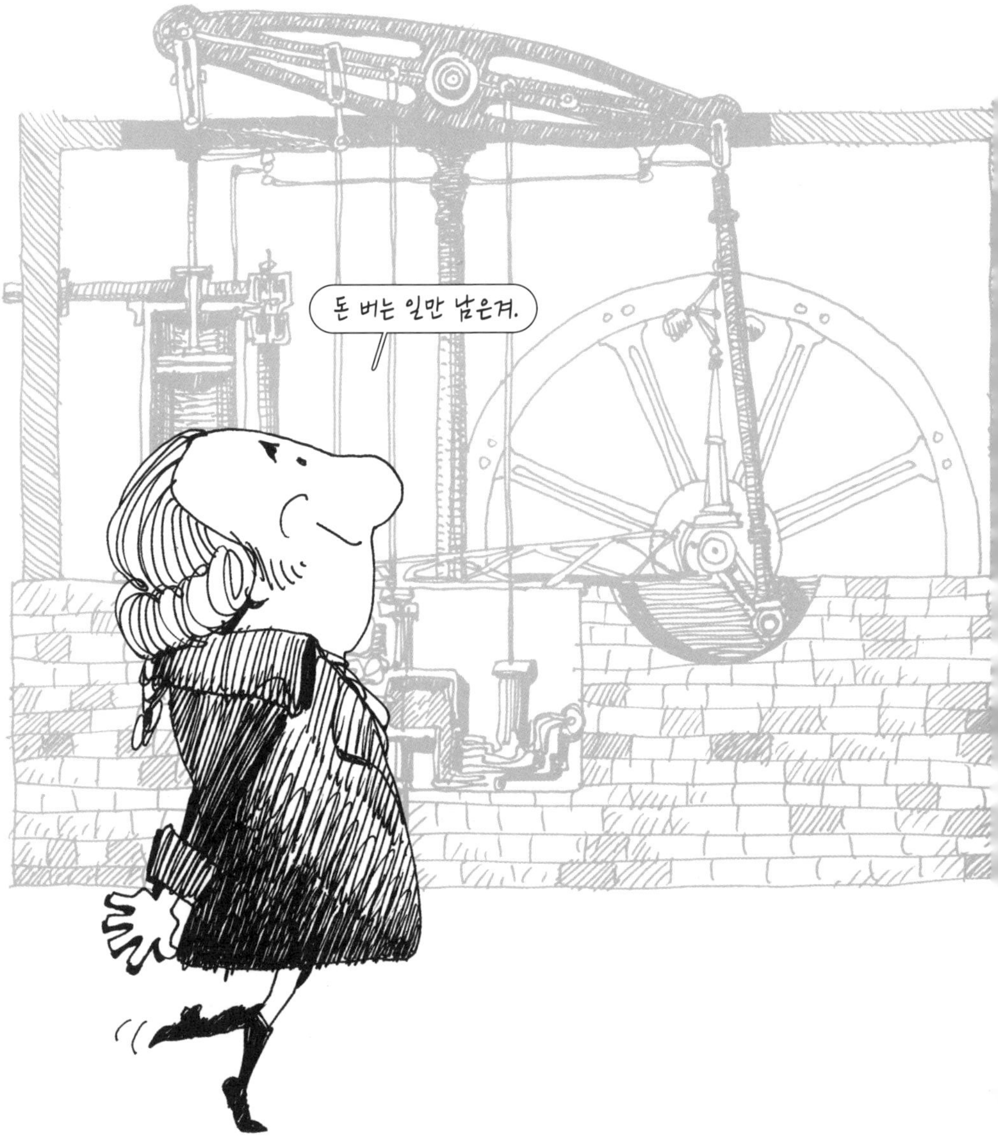
돈 버는 일만 남은겨.

하지만 성능 좋은 증기기관이었음에도 와트의 사업은 순조롭지 못했습니다.

형씨는 상상력과 통찰력, 집중력 모두 뛰어나지만 한 가지가 부족하네.
그게 뭐여?
마케팅 감각.

그에게 도움의 손길을 내민 사람은 매슈 볼턴이었습니다.

댁은 누구셔?
Matthew Boulton
모든 면에서 형씨보다 모자라지만,
한 가지가 앞서는 동업자요.

볼턴은 와트의 동업자였던 존 로벅의 증기기관 특허권 지분을 승계하고,
'볼턴 앤 와트'라는 회사를 설립했습니다.
그리고 본격적으로 증기기관을 생산하고 판매하는 데 주력했습니다.

빈틈없이 정밀한 실린더를 가공하는 기술력도 확보했지.
Boulton & Watt

볼턴과 와트의 증기기관은 유럽을 넘어 미국으로 진출하며 승승장구했습니다. 와트는 이후 많은 엔지니어에게 롤모델이 되었고 증기를 이용한 방적기, 기관차 등으로 세계가 산업혁명의 시대로 나아가는 데 영감을 주었습니다.

해피엔딩!
칙칙폭폭….

07

위대한 가설, 원자론

존 돌턴

John Dalton (1766~1844)

영국의 화학자이자 물리학자. 물질의 가장 기본 단위인 원자를 규정하고, 정량적 실험을 통해 얻어낸 자료로 원자량을 매겼다. 많은 과학자가 더욱 정교한 원자모형을 구상하는 데 초석이 되었다.

과학자들의 관심 밖에서 행해지던 연금술이

물질의 성질과 변화를 정량적으로 다루는

화학으로 발전하던 시대에

존 돌턴은 모든 원소가 제각각 고유의 성질을 가진

최소의 기본 입자로 구성된다는

근대적인 원자론을 제안하면서

화학 연구에 필요한 중요한 단서를 제공했습니다.

사람들은 대체로 직접 보지 못하는 것에 대해 믿지 않으려 합니다.

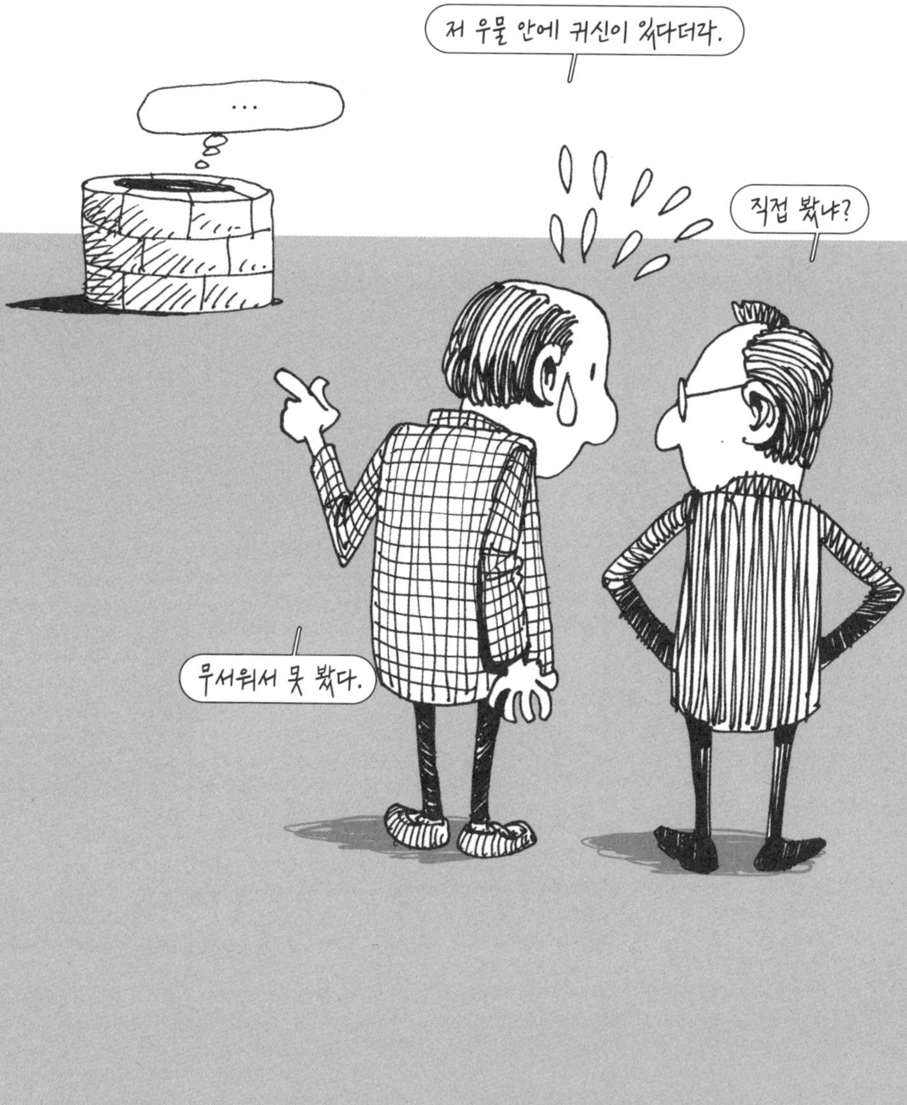
저 우물 안에 귀신이 있다더라.
...
직접 봤냐?
무서워서 못 봤다.

초월적인 존재나 초자연적 현상을 믿는 종교나 민간신앙,
또는 오랜 관습의 영역을 제외하곤 말이죠.

너네 집에 귀신이 사는 거다.
못 봤는데요?
보이면 그게 귀신이가?

적어도 과학의 영역에서는 철저히 경험적이고 감각적인 연구 대상만을 다룬다는 것이 일반적인 생각입니다.

귀신을 봤다는 너는 매우 비과학적이야.
그럼 뭐가 과학적인데요?
귀신을 봤다고 착각하는 너의 안구와 뇌를 살피는 내가 과학적이지.

그런데 오늘날에는 첨단 과학일수록 우리가 맨눈으로 보지 못하는 미시 세계에서 벌어지는 현상들을 연구 목표로 삼습니다.

또한 그 모든 연구의 바탕에는 일상에서는 결코 볼 수도 만질 수도 없지만,

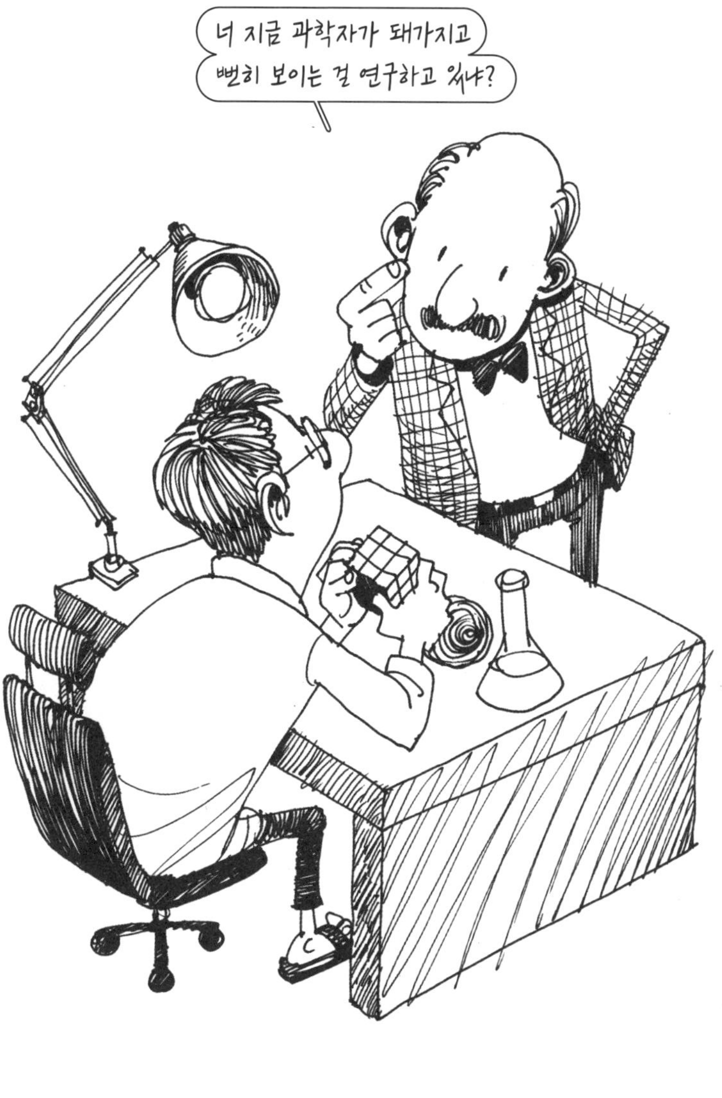
너 지금 과학자가 돼가지고
뻔히 보이는 걸 연구하고 있냐?

엄연히 존재하는 것이 있습니다.

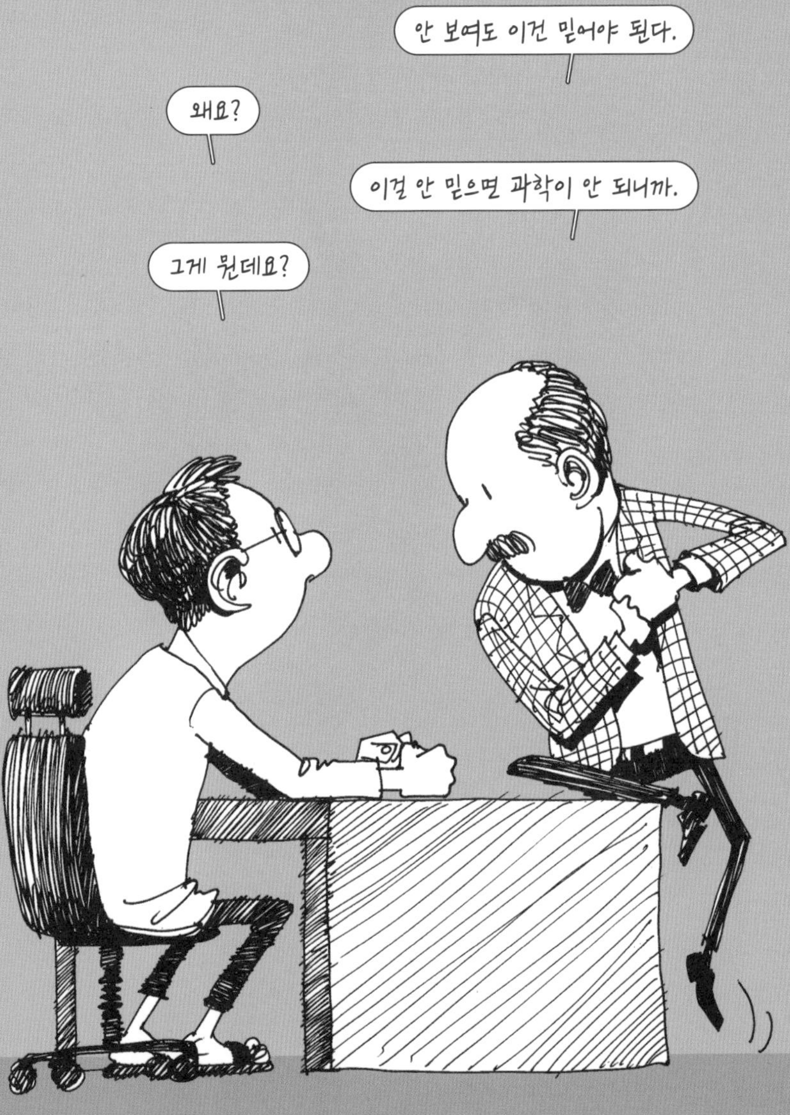
안 보여도 이건 믿어야 된다.
왜요?
이걸 안 믿으면 과학이 안 되니까.
그게 뭔데요?

바로 물질의 최소 단위인 원자(atom)죠.

원자라는 개념을 처음으로 상상한 기원전 400년경에는 더 말할 것도 없지만,

만물의 근원은 더 이상 쪼갤 수 없는 아주 작은 알갱이다.
어디 보여줘봐.
전자현미경이랑 입자가속기가 없어서 못 보여준다.
헛소리네.

2,000년 넘게 잠들어 있던 원자론이 과학의 무대에 다시 등장했던 19세기에도 원자는 여전히 관찰할 수 없는 존재였습니다.

보여줄 수 있어?
그건 곤란해.
그럼 과학이 아니지.

그래서 고대 철학자들이 상식에 위배된다는 이유로 원자론을 폐기했던 것처럼,

AIRE
AGUA
FUEGO
TIERRA
물, 불, 흙, 공기. 4원소설.
원자론은요?
내다 버려!

근대의 과학자들 또한 눈에 보이지 않는 원자의 실체에 관해 오랫동안 실랑이를 벌였습니다.

눈에는 안 보이지만 머리로 이해해 보라고.
싫다.
원자론으로 설명 가능한 법칙들이
얼마나 많은지 아니?
알기 싫다.

원자론은 비교적 유연한 상상을 하는 이들과 오로지 실증만을 앞세운 이들이 팽팽하게 맞서면서 20세기 초까지 지난한 논쟁을 이어간 주제였습니다.

강요하지는 않겠지만, 마음을 열고 창의력을 발휘해 볼 용의는 없겠나?
없다.

그 뜨거운 감자를 근대 과학 세계에 들고 나타난 사람은,

어떤 과학자는 끝없는 반론에 지치고
우울해져서 자살까지 했대요.
악성 댓글에 시달렸나?

영국의 자수성가형 과학자 존 돌턴이었습니다.

물질은 더 이상 쪼갤 수 없는 궁극의 입자로….
옛날에 내가 한 말 아냐?
그거랑은 질적으로 다릅니다.
데모크리토스

돌턴은 형제가 많은 가난한 집안에서 자랐지만 학구열이 왕성했고, 수학과 자연과학에 관심이 높았습니다.

누가 시키지도 않았는데 수학 공부를 왜 그렇게 열심히 하냐?
가만있으면 영영 안 시킬 거 같아서요.

열다섯 살 때부터 규칙적이고 치밀한 기상 관측을 할 정도로 천생 과학자였죠.

50년 넘게 꾸준히 관측하고 기록하고 연구했어요.

기상학을 향한 열의는 자연스럽게 대기 성분인 기체에 관한 탐구로 이어졌습니다.

압력, 온도에 따른 기체의 부피 변화.
그런 건 보일이 먼저 했지.
Robert Boyle
질량 비율에 관해서는?
Joseph Louis Proust
그것도 프루스트가 간발의 차이로 먼저 했지.

돌턴이 과학자로서 조금씩 명성을 얻어갈 무렵 이미 몇몇 과학자들이 실험을 통해 화학반응에 관한 유명한 법칙들을 내놓은 상태였습니다.

호랑이는 죽어서 가죽을 남기고
과학자는 법칙을 남기지.

라부아지에가 화학반응에 사용된 물질의 반응 전과 후의 질량 총합은 변하지 않는다는 사실을 밝혔고,

질량 보존의 법칙이라고 하죠.
예를 들면 수소 1g과 산소 8g이 반응하면 9g의 물이 얻어진다는 것.
수소1g
산소8g
물 9g
당연한 거 아냐?
Antoine Lavoisier
위대한 건 언제나 당연하죠.

1779년 조제프 프루스트는 일정 성분비의 법칙을 발표하기도 했죠.

화합물을 구성하는 각 원소들의
질량비는 항상 일정하다.
예를 들어, 물이 될 때 수소와 산소는
언제나 1:8 비율로 반응한다는 것.
수소 1
산소 8
수소 2g이면 산소는?
16g.

물론 1803년 돌턴도 자신이 발견한 법칙 하나를 과학사에 추가했습니다.

두 원소가 서로 다른 화합물을 만들 때
한 원소와 결합하는 다른 원소의 질량은
간단한 정수비를 이룬다.

이른바 배수 비례의 법칙입니다.

예를 들어, 탄소와 산소가 결합해서 일산화탄소나 이산화탄소 같은 화합물을 만들지?
일산화탄소로 결합할 때는 탄소 1g에 산소 1.33g, 이산화탄소일 때는 탄소 1g에 산소 2.66g.
탄소 1g
탄소 1g
산소 1.33g
1 : 2
산소 2.66g
O
C
O
C
O
CO
CO2
각각 같은 질량의 탄소에 반응하는 산소의 질량비가 1 : 2. 정수비잖아?

모두 엄밀하고 정량적인 실험을 통해 얻어낸 경험적 사실들이었지만 한 가지 문제가 남아 있었습니다.

내가 웬만한 건 다 해봤는데, 모두 결과가 같았다.
나도 법칙 찾았다.
Law of CONSERVATION OF MASS
Law of DEFINITE PROPORTIONS
그런데 말이지….

화학반응에서 원소들이 왜 그런 법칙을 따르는지

어떤 과학자도 분명한 이유를 찾지 못했던 겁니다.

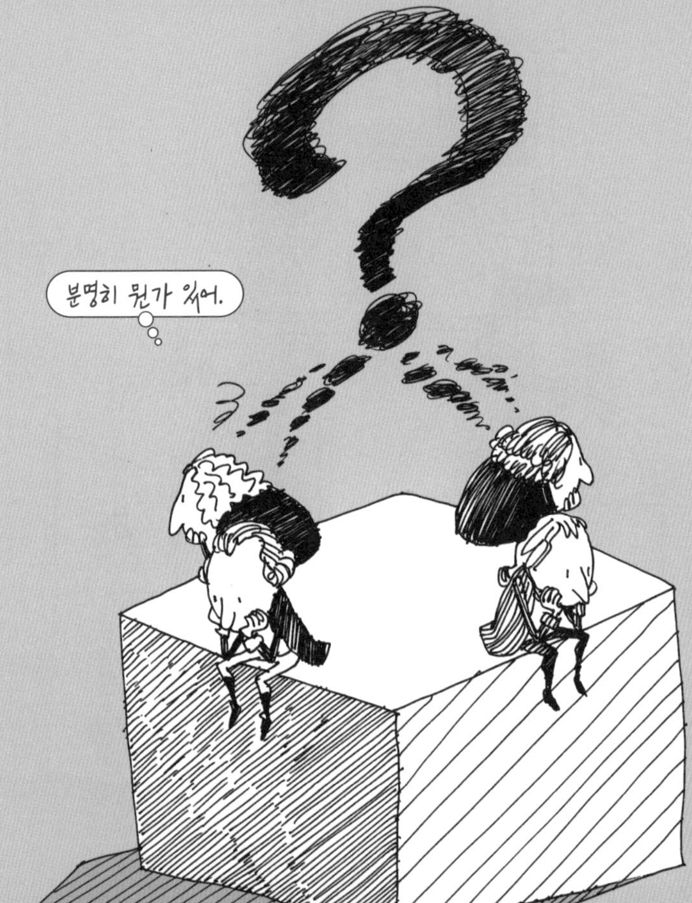
분명히 뭔가 있어.

돌턴에게 주어진 시대적 과제가 바로 그 문제를 해결하는 것이었습니다.

원소들의 질량이 화학반응에서 불연속적인
정수비로 나타나는 이유가 분명히 있어.
그게 뭐냐면….

돌턴은 물질의 근본적인 형태와 속성을 이해하는 것이
문제를 푸는 길이라고 생각했습니다.

불연속적인 정수비가 된다는 건
항상 기본적인 단위가 있다는 뜻인데….
그러니까 물질이 기본적인 입자로
생겨먹었다고 가정한다면?
그리고 모든 원소가
고유의 질량 값을 가지고 있다면?

확신을 가지고 원소들의 상대적 질량, 즉 원자량을 매겨보았죠.

가장 가벼운 원소의 원자량을 일단 정해놓고,
비교를 해보자고.

기준으로 삼은 것은 수소의 질량이었습니다.

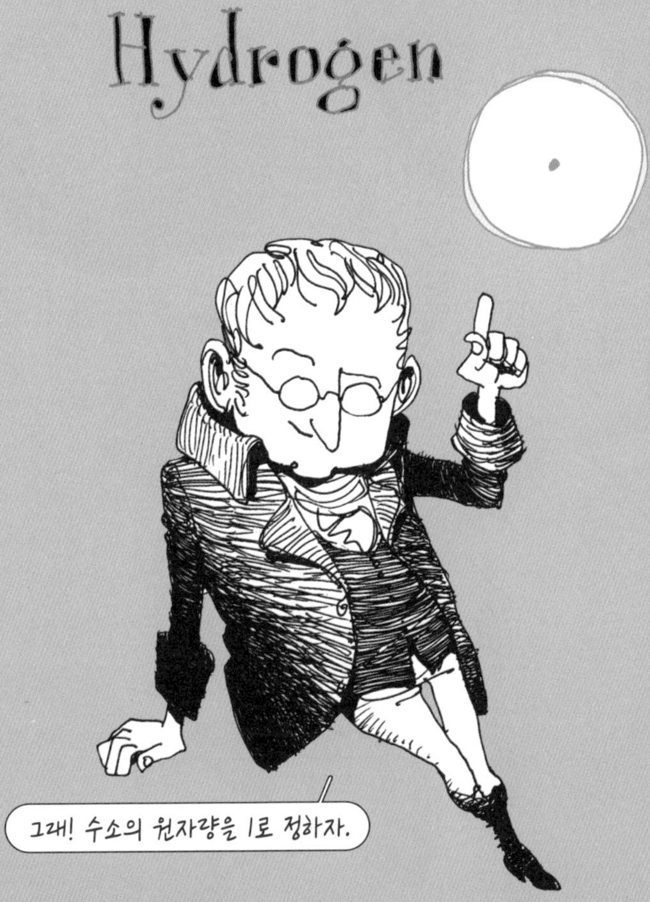
Hydrogen
그래! 수소의 원자량을 1로 정하자.

그렇게 해서 그는 물질의 기본 원자량들을 매겨나갔습니다.

수소1g에 산소 8g이 반응해서
물 9g이 되니까, 산소 원자량은 8.
Oxygen
8
어? 아니잖아?
그건 나중에 따지고….

돌턴은 원자를 규정했고,

원자란 더 이상 나눌 수 없는 물질의 최소 단위 입자다.
같은 원소의 원자는 질량이나 성질이 같다.
원자는 새로 만들어지거나 없어지지 않으며 다른 원자로 변하지도 않는다.
1, 2, 3, 4...
화합물을 구성하는 원자들은 일정한 정수비를 이룬다.

1808년 그 모든 내용을 담은 《화학 철학의 신세계》를 출간했습니다.

돌턴이 구상한 원자론은 현대 과학의 관점에서는 한계가 있었지만,

원자는 전자, 양성자, 중성자, 더 나아가 쿼크 등으로 또 나뉠 수 있지.
같은 동위원소의 원자라도 원자량이 다른 것들이 있고.
핵융합이나 핵분열로 다른 원자로 바뀔 수도 있지.
19세기 초에 내가 그런 걸 어떻게 알았겠냐고?

그의 원자론은 과학사에서 매우 중요한 가설이었고, 이후 많은 과학자가 더욱 정교한 원자모형을 구상하는 데 단초가 되었습니다.

톰슨, 러더퍼드, 보어….
우리가 원자론을 발전시켰어.
우리가 원자 덕 좀 봤지.
Joseph John Thomson
Ernest Rutherford
Niels H. D. Bohr

훗날 스타 과학자 리처드 파인만은 세상에 단 하나의 과학 지식만을 남길 수 있다면 그건 당연히 원자 가설이어야 한다고 했습니다.

내가 그랬나? 하하하하하.
농담도 잘 하시네.

돌턴은 1822년 왕립학회 회원이 되었고 생을 마감할 때까지 과학에 헌신했습니다.

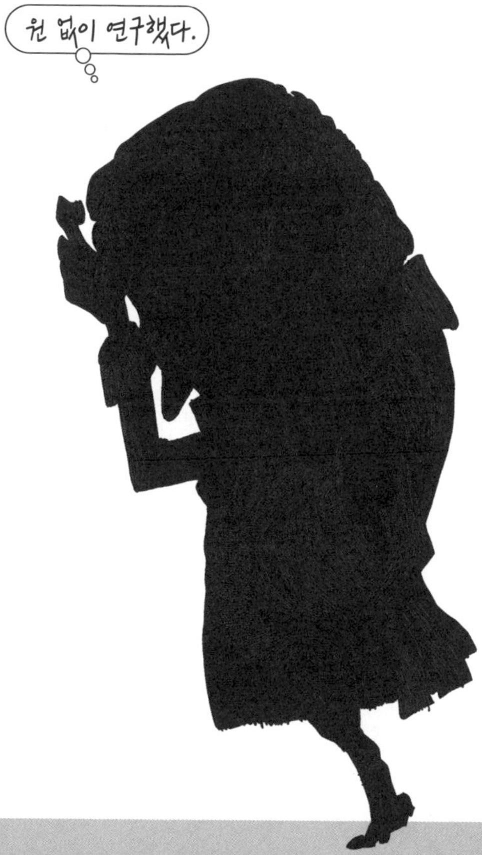
쉰 없이 연구했다.

그런데 앞서 보았듯이 그의 원자론은 부분적으로 오류가 있었습니다.

산소의 원자량을 8로 계산하고
수소와 산소가 결합해 물이 되는 걸 HO로 표시했지?
HO
잘못됐어?
잘못됐지.
뭐가?

원자 대부분은 자연 상태에서 분자 단위로 존재한다는 사실을 몰랐기 때문입니다.

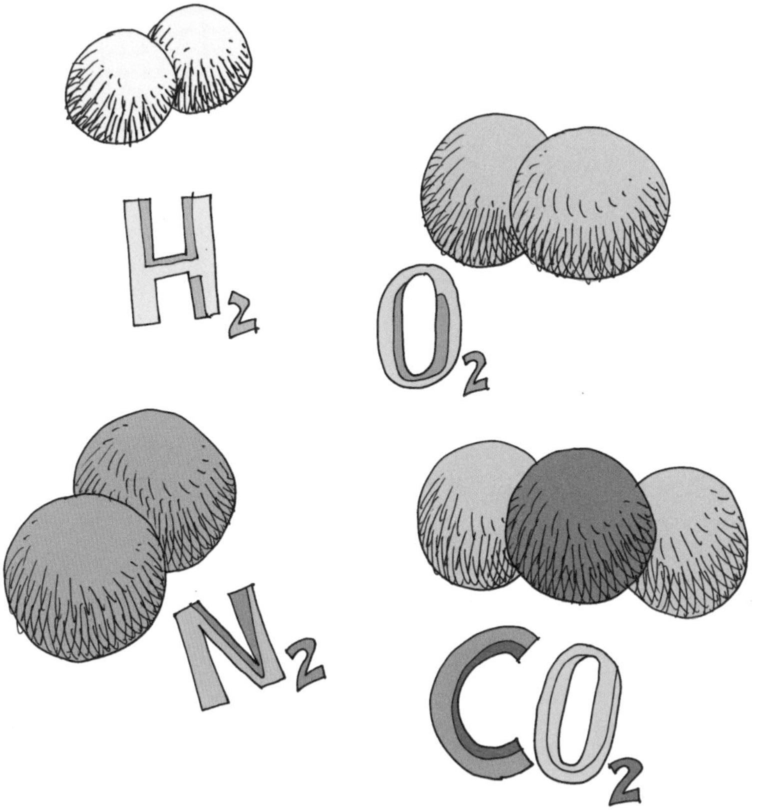
H_2
O_2
N_2
CO_2

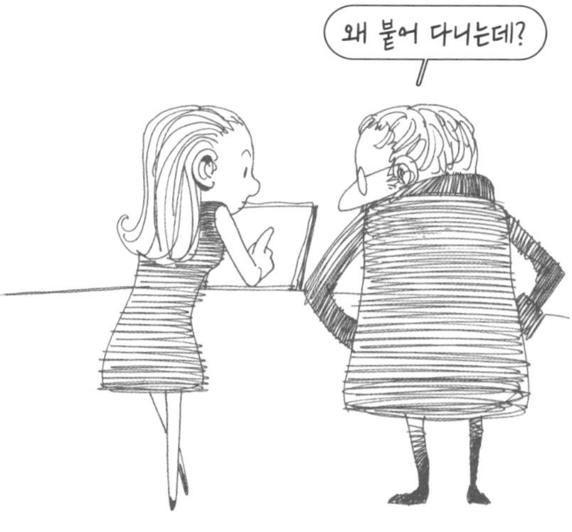
왜 붙어 다니는데?

그래서 다시 풀기 어려운 난제가 등장했고, 그런 결함을 해결하기 위해 과학계는 또 한 명의 천재 과학자를 기다려야 했습니다.

당신 원자모형은 내 기체반응의 법칙이랑 안 맞잖아?
그럼 당신이 틀린 거겠지.
아니거든. 나 맞거든.
Joseph Louis Gay-Lussa
아보가드로 씨, 나오실 준비하세요.

08

모순을 해결한 천재의 직관

아메데오 아보가드로

Amedeo Avogadro (1776~1856)

이탈리아의 물리학자이자 화학자이다. 모든 기체의 성질을 나타내는 최소 입자 단위인 분자를 정립했다. 아보가드로의 업적을 기려 단위 부피 속에 든 입자 개수의 근사치를 '아보가드로수'라고 부른다.

물질의 최소 단위를 규정한 돌턴의 원자론은
매우 뛰어난 업적이었지만 기체들의 화학반응을
제대로 설명하기에는 역부족이었습니다.
자연 상태의 기체 대부분은 원자 몇 개가 결합한
또 다른 물질 단위인 분자로 존재했기 때문이죠.
이탈리아의 과학자 아메데오 아보가드로는 처음으로
그 문제의 실마리를 풀어 화학 발전에 기여했습니다.

원자들은 틈만 나면 전자를 서로 주고받거나 공유하면서 화학반응을 일으킵니다.

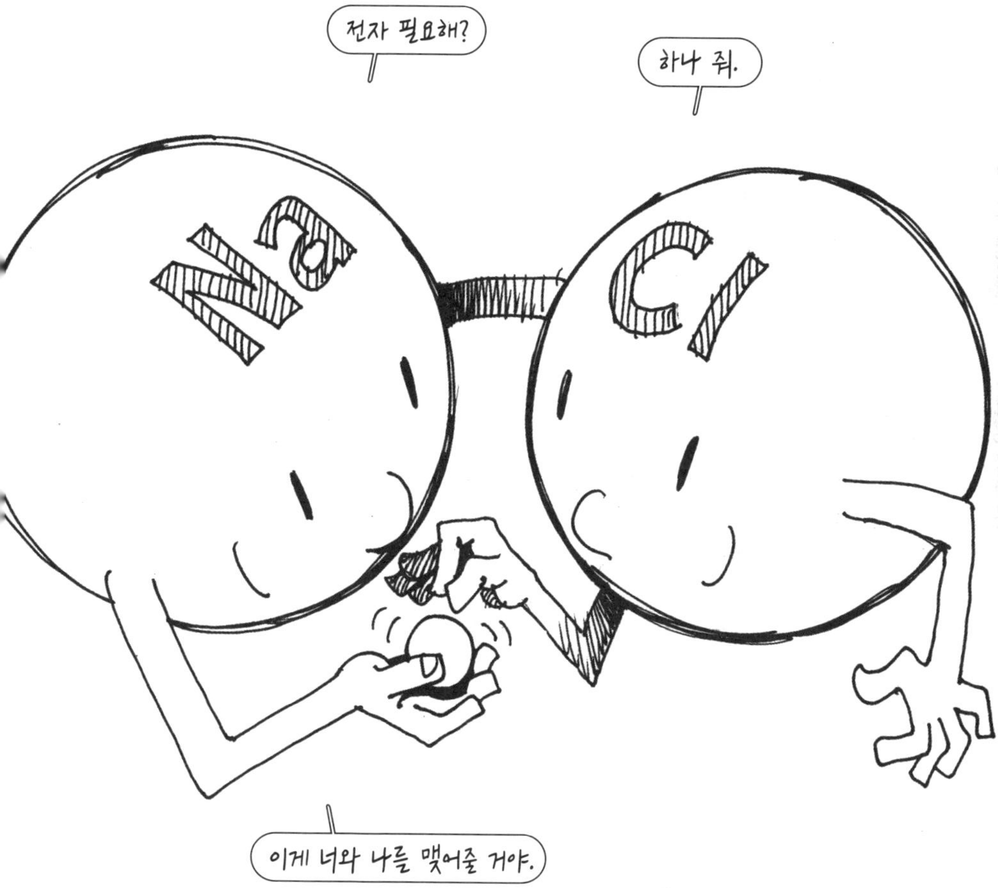
전자 필요해?
하나 줘.
Na
Cl
이게 너와 나를 맺어줄 거야.

왜냐하면 원자가 좀 더 안정된 상태가 되려 하기 때문이에요.

원자는 중심에 원자핵이 있고,
이 주변을 따라 돌며
궤도를 만드는 전자로
이루어져 있습니다.
각각의 궤도에는 들어갈 수 있는
전자의 수가 다릅니다.

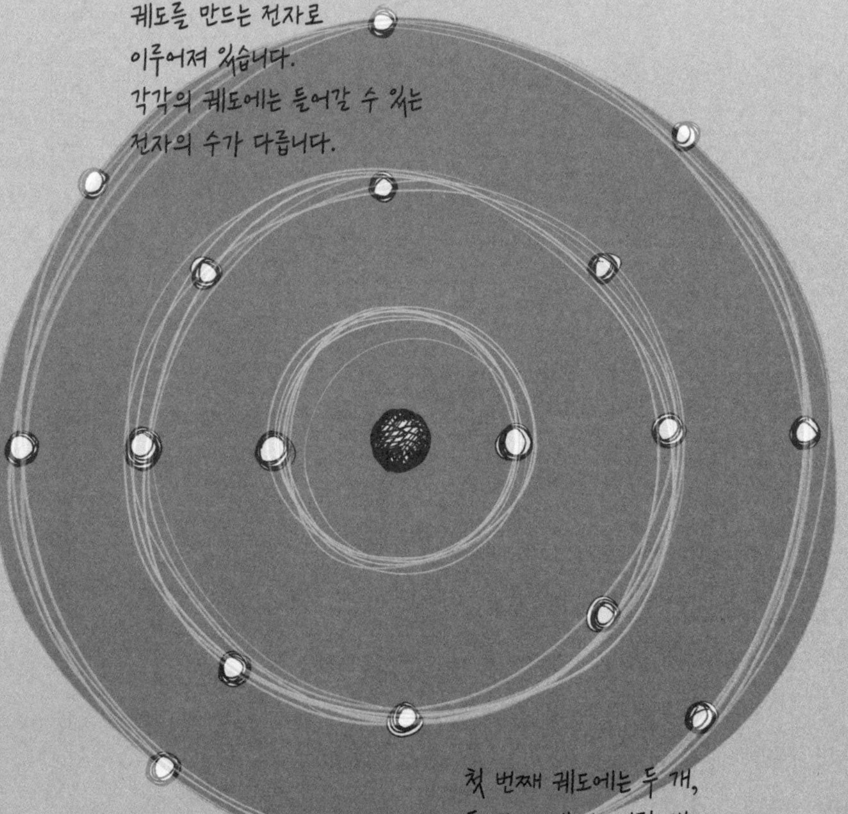

첫 번째 궤도에는 두 개,
두 번째 궤도는 여덟 개,
그다음 궤도까지 더하면 열여덟 개인
것처럼 원자핵에서 멀어질수록
전자의 수는 더 많아지지요.
그런데 궤도에 전자를 다 채우지
못하면 원자는 불안정한
상태가 됩니다.

결국 전자의 수를 채우기 위해 다른 원자와 결합하는 것이지요.

이제야 안심이 되네.
왜 채워야 안심이 돼?
우리 집안 가훈이래요.
더도 말고, 덜도 말고.

헬륨, 네온, 아르곤처럼 원소주기율표 18족에 해당하는

비활성기체(inert gas)를 제외하면

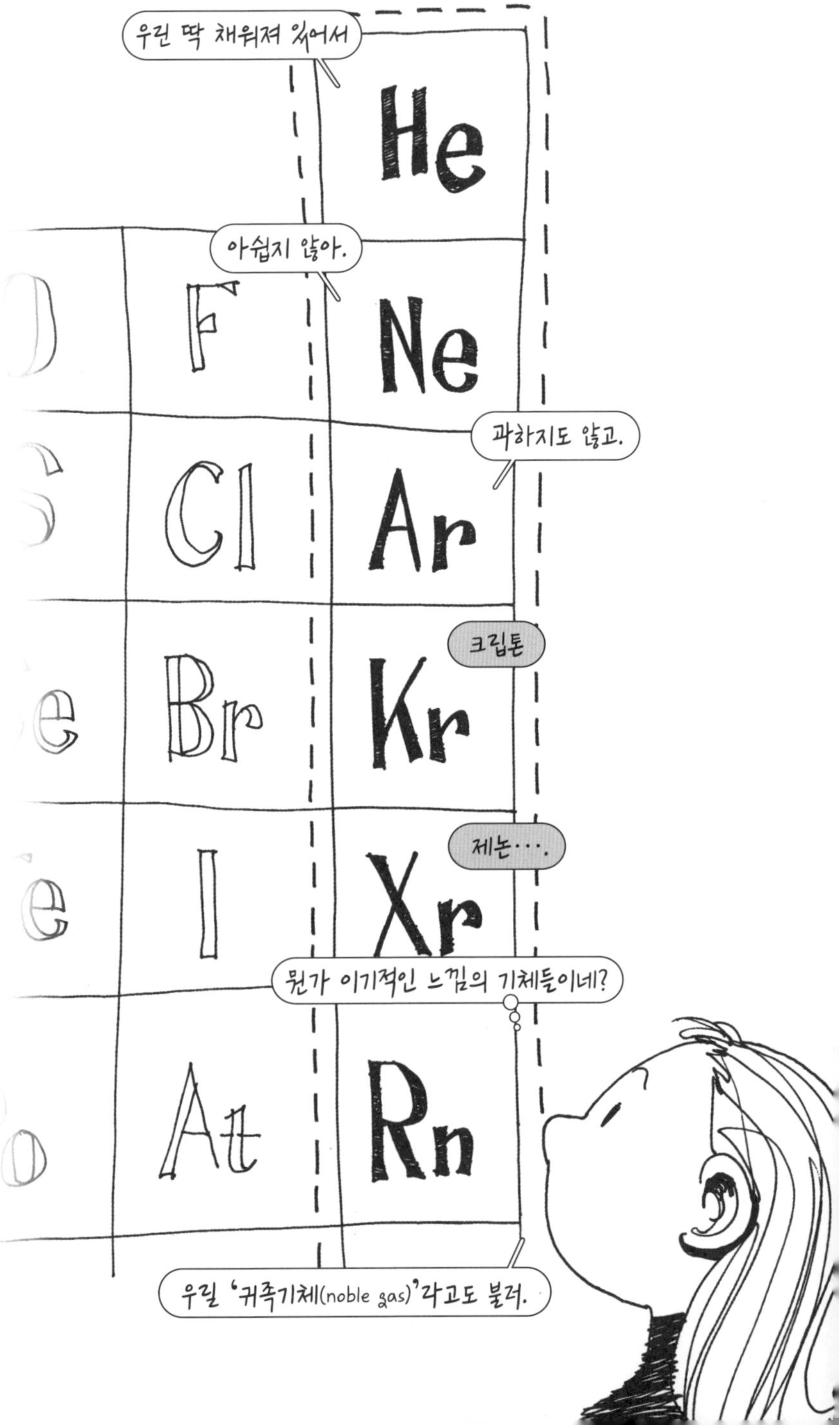
우린 딱 채워져 있어서
He
아쉽지 않아.
F
Ne
과하지도 않고.
Cl
Ar
크립톤
Br
Kr
제논….
I
Xe
뭔가 이기적인 느낌의 기체들이네?
At
Rn
우릴 '귀족기체(noble gas)'라고도 불러.

기체 대부분은 자연 상태에서 분자 상태 혹은 화합물로 뭉친 형태로 존재합니다.

CO_2
이산화탄소는 산소 원자 두 개와 탄소 원자 하나.
산소는 산소 원자 두 개.
O_2
NH_3
암모니아는 질소 원자 하나에 수소 원자 세 개.

이렇게 원자들의 결합으로 물질의 화학적 성질을 나타내는 기본 단위를 분자라고 하는데, 화학 연구를 위해서는 꼭 필요한 개념이죠.

돌턴 씨는 분자를 몰랐나요?
몰랐어.
원자만 알고 분자는 몰랐다는 말을 믿으라는 겁니까?
원자로 다 통할 줄 알았지.
John Dalton
한 고집 하셨네?
그래서 누구랑 한판 붙었지.
누구?
좀 있으면 나와.

18세기부터 이어진 기체 연구는 19세기에 패러데이와 같은 과학자들의 노력으로 더욱 진전된 성과를 이루었습니다.

액체를 가열한 증기가
기체와 같은 성질이란 것도 알아냈어.
chael Faraday
돌턴 씨와 한판 붙으신 분?
그건 나 아냐.

그중에서도 매우 중요한 법칙을 발견한 사람은 프랑스의 한 과학자였습니다.

Joseph Gay Lussac
나야, 나!
드디어 왔네.
성함이?
조제프 루이 게이뤼삭.

게이뤼삭은 남부럽지 않은 집안에서 자란 덕에

좋아하는 과학 실험과 연구를 원 없이 할 수 있었습니다.

돈 많은 아버지를 둔 아들에게
두 가지 진로가 있단다.
망나니 아니면 위대한 발견.
Young Gay Lussac

그는 꾸준히 기체에 관심을 가지며 많은 실험을 했습니다.

기체의 질량과 부피가 일정하면 압력은 온도에 비례해서 올라간다는 법칙을 알아냈어.
나, 자크 샤를도 5분 전에 같은 생각을 했어.
자크 샤를
그럼 너 가져.
좀 미안하니까 샤를-게이뤼삭의 법칙 어때?
맘대로 해.

열기구를 타고
높은 상공을
비행하며 대기 성분을
조사하기도 했죠.

남다른 연구를 하시네?
가진 게 남다르니까.
그런데 왜 사서 고생을 하실까?

약 7,000m 상공까지 올라가는 동안 여러 다른 높이에서
공기가 어떤 상태인지 관찰했는데,

고도가 높아져 압력이 낮아져도
공기의 구성 성분은 달라지지 않아.
내 기분은 달라졌어요.
어떻게?
울렁거려요.

그 과정에서 수증기는 수소와 산소가 일정한 정수비로 결합해 있다는 사실을 발견했죠.

수소와 산소 부피가 항상 2:1 비율이야.
그래서 수증기 부피는요?
2.
John Dalton
그럼 안 되는데?

게이뤼삭은 1810년 기체 반응의 법칙을 발표했습니다.

그런데 그의 법칙은 곧바로 문제를 불러일으켰습니다.

뭐라고?
수소 2 부피에 산소 1 부피를 더해서
수증기 2 부피라고?
산수 못하냐?
못하게 생겼네.
외모 갖고 뭐라 하지 말자.
거 봐. 안 된다고 했지?

당시 과학계에서 호응을 얻고 있던 돌턴의 원자론과 모순되었기 때문이죠.

내가 물질의 최소 단위는 원자라고 했어? 안 했어?
했어.
그런데 왜 그래?
부피를 재보니까 그래.
정말 그래?
그래.
그래?
그렇다니까.

그도 그럴 것이 게이뤼삭의 법칙을 만족시키려면 원자는 쪼개져야 했습니다.

이렇게 된다는 거 아냐?
정말 너무 웃겨서 웃기지도 않네!
그럼 웃지 마.

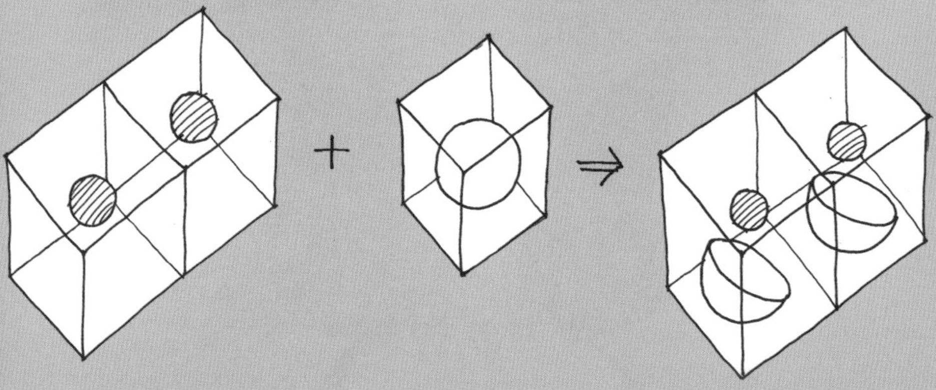

수소 2 부피 산소 1 부피 수증기 2 부피

돌턴은 반발했고 게이뤼삭도 물러날 위인이 아니었습니다.

내가 지금 웃는 게 웃는 게 아냐!
누가 웃는 게 웃는 거래?
내가 틀렸다고 비웃잖아?
누가 그래? 내가 안 틀렸다고 했지.
당신이 안 틀렸으면 내가 틀린 거잖아?
당신 심사가 틀렸으니까 그렇게 듣는 거지.
그럼 누가 틀렸다는 거야?
어쨌든 난 안 틀렸어.
거 봐. 나더러 틀렸다는 거잖아?

모순되는 두 법칙을 손상시키지 않고도
봉합하는 해결책은 이탈리아에서 나왔습니다.
둘 다 안 틀렸다니까.

그의 이름은 아메데오 아보가드로.

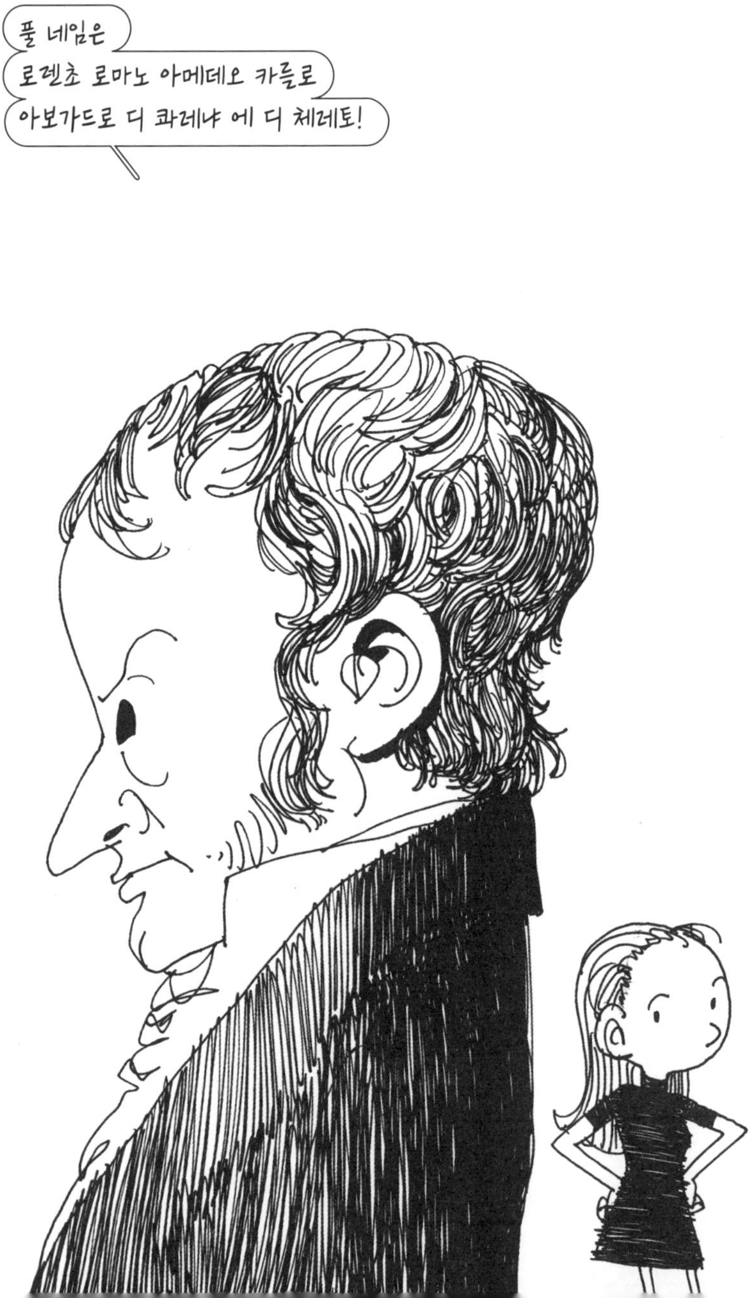
풀 네임은
로렌초 로마노 아메데오 카를로
아보가드로 디 콰레냐 에 디 체레토!

아보가드로는 법률가 집안에서 태어나 일찍부터 법률 공부를 하고 20대에 법조인으로 활동했습니다.

자네는 법조계를 이끌어갈 기둥이야.
왜 아니겠어? 근데 요즘 딴생각도 좀 들어.
뭔 생각?
뭐랄까, 법보다 좀 더 근원적인 것에 대한 생각이랄까?

부러울 것도 아쉬울 것도 없는 사회적 위치에 있었지만 그는 과학자가 될 운명이었나 봅니다.

숫자, 법칙, 실험,
그런 세상의 이치에 끌려.
나는 끌어들이지 마라.

20대에 재미 붙인 수학과 과학의 매력에 빠진 아보가드로는
뒤도 돌아보지 않고 진로를 바꿨죠.

떠날 때가 됐다.
학위랑 직장이 아깝지 않아?
아까운 건 내 안의 잠재력이지.

영국이나 독일, 프랑스 등지에서 활발하게 연구하던 과학자들과 교류하지는 않았지만, 그는 독학으로 과학 지식을 터득해 나갔습니다.

몰려다니면서 끼리끼리 치하해 주고 그럴 거 뭐 있어?
그래도 좀 넓은 물에서 실력을 발휘해야 하지 않나?

기념비적인 아보가드로의 가설을 제시한 때는 1811년이었습니다.

돌턴과 게이뤼삭이 맞붙었던 때네?
혼돈과 불화의 시대에
영웅이 탄생하는 법이지.
1811

프랑스의 한 과학 저널에 발표된 소박하면서도 대범한 논문을 통해서였죠.

〈물체의 기본 입자들의 상대적 질량 및 이들의 결합비를 결정하는 하나의 방법에 관한 소고〉
이거 봤어? 왠지 심상치 않은 제목인데?
누가 썼어?
이탈리아 선생이래.

논문에서 아보가드로가 물질의 기본 단위를 일컬어 사용한 용어는 원자가 아닌 다른 것이었습니다.

molecule
분자.
모든 기체의 성질을 나타내는 최소 입자 단위.
돌턴은 그게 원자라던데?
원자가 몇 개씩 모여서 분자가 되는 거지.
돌턴이 틀렸다고?
틀리지는 않았지. 나의 명석함에 못 미치긴 했지만.

분자 개념은 돌턴과 게이뤼삭 간의 해묵은 논쟁을
한방에 해결할 수 있는 것이었습니다.

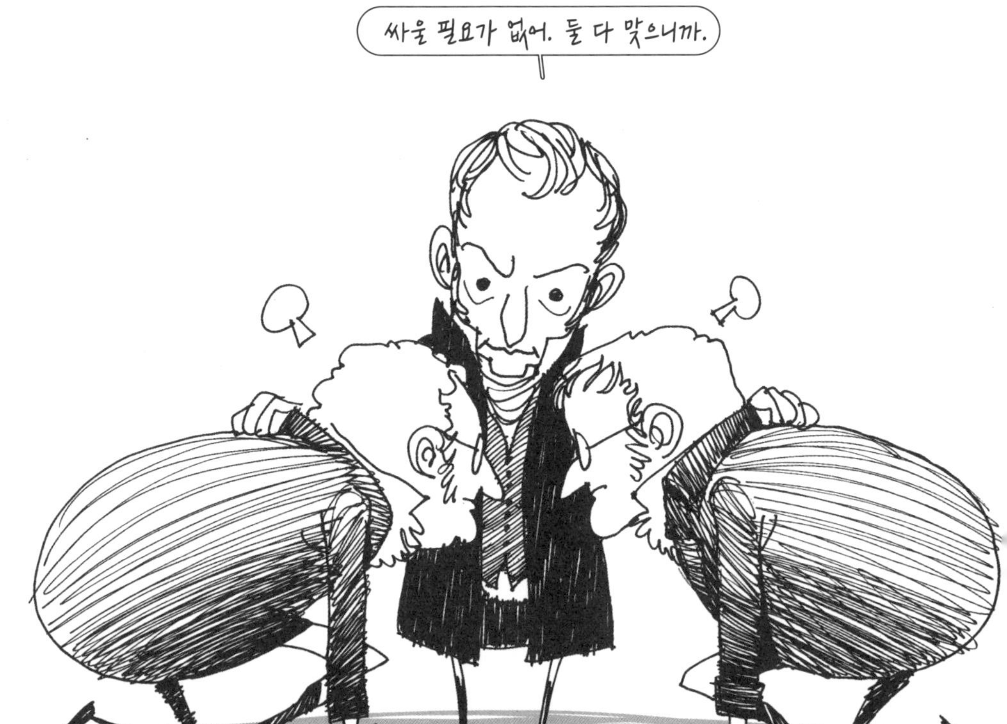
싸울 필요가 없어. 둘 다 맞으니까.

수소와 산소가 반응해 물이 되는 예를 볼까요?

수소 원자 두 개가 모인 것이
수소 분자.
산소 원자 두 개가 모인 것이
산소 분자.
2×H2
1×O2
이렇게 결합해서 물 분자.
2×H2O

돌턴의 원자론도 게이뤼삭의 기체 반응의 법칙도 모두 만족시켰습니다.

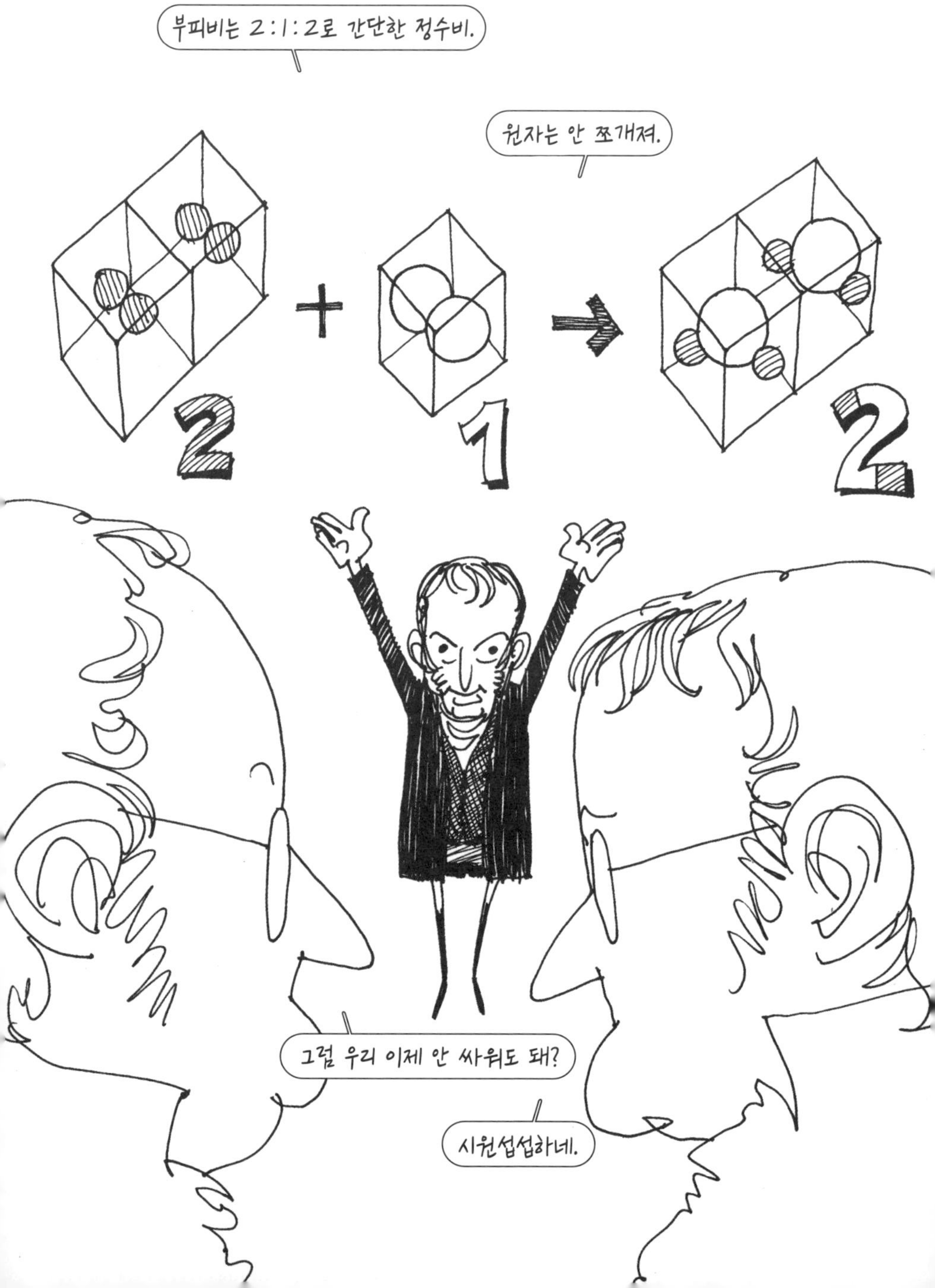
부피비는 2 : 1 : 2로 간단한 정수비.
원자는 안 쪼개져.
2
1
2
그럼 우리 이제 안 싸워도 돼?
시원섭섭하네.

하지만 과학계는 아보가드로의 해결책을 선뜻 받아들이지 않았습니다.

하루아침에 싸움을 관둘 수는 없잖아?
얘도 아니고 명색이 과학자인데.

당시 아보가드로는 왕립학회 회원이거나 번듯한 대학교수도 아니었고 그저 한적한 시골의 과학 교사였기 때문이었을까요?

하지만 내 맘속에서는 돌턴과 게이뤼삭이 이미 화해했다고.

어쨌든 분자를 규정한 아보가드로의 가설에 따르면
모든 기체는 종류를 불문하고 같은 온도,
같은 압력에서 같은 부피 속에 같은 수의 입자를 포함합니다.

내 가설은 화학반응에서 원자량과 분자량을
계산하는 데 큰 도움이 될 거야.

뛰어난 직관과 획기적인 발상이었음에도

분자라는 생소한 개념 탓에 주목받진 못했지만,

같은 온도, 같은 압력, 같은 부피 속에
같은 수의 분자….
뭐라는겨?
몰라. 마음속의 화합이라나 뭐라나?

훗날 이탈리아 과학자 스타니슬라오 칸니차로의 부단한 노력으로 아보가드로의 가설은 과학계에서 인정받게 되었습니다.

이보다 더 명쾌한 법칙이 또 어디 있겠습니까?
Stanislao Cannizzáro
같은 온도, 같은 압력,
같은 부피 속에 같은 수의 입자.
40년도 넘게 지났으니 받아들이자고.
그래. 우리가 누군가? 과학자들이잖나.

그리고 20세기에 들어 과학자들은 치밀한 연구와 측정으로
단위 부피 속에 든 입자의 개수를 계산해서 근사치를 얻었는데,

6.02X10²³
아보가드로의 업적을 기려서
이걸 '아보가드로수'라 부르자고.

그 개수를 포함하는 단위를 ‘몰(mol, mole)’이라고 부릅니다.

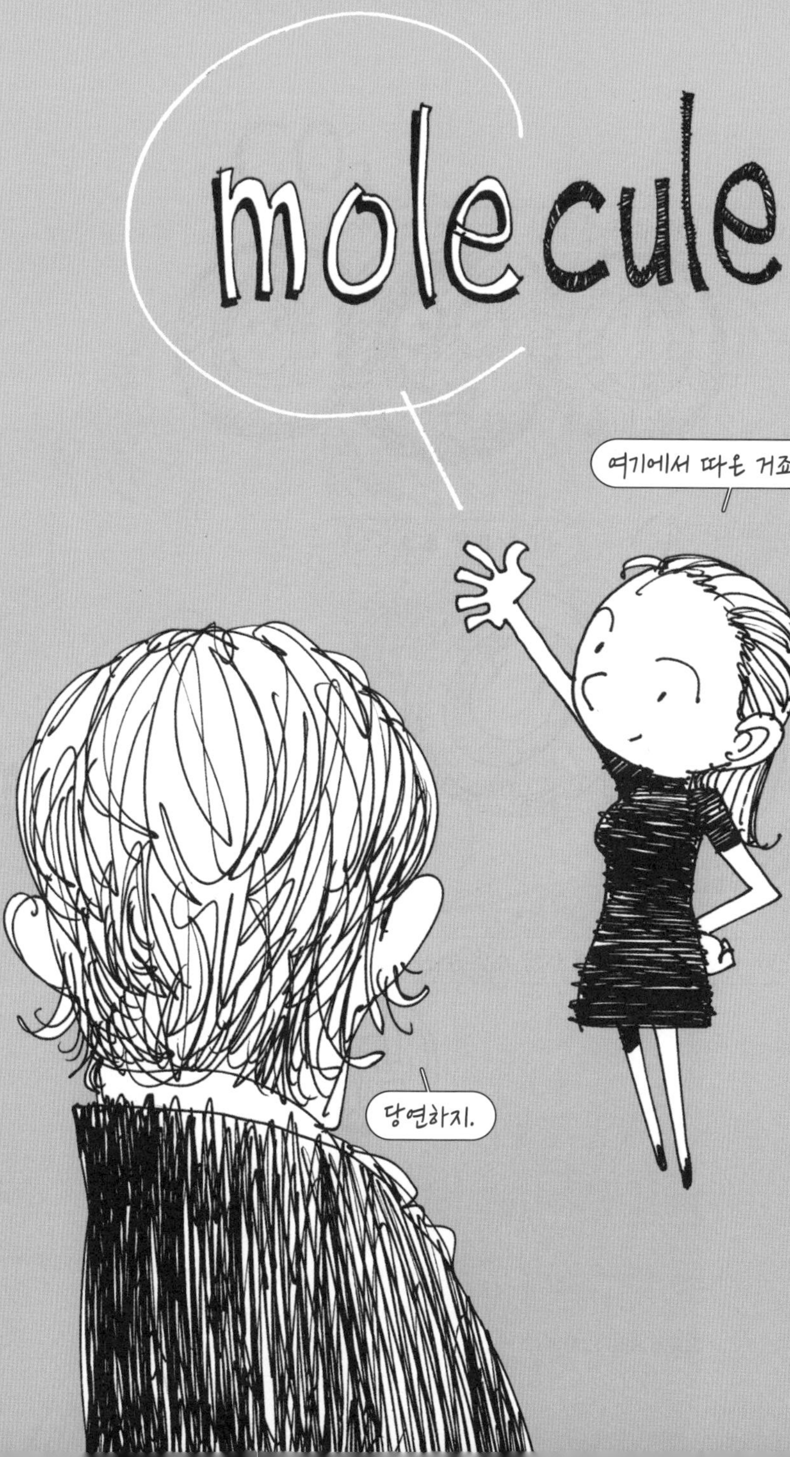
molecule
여기에서 따온 거죠?
당연하지.

아보가드로는 과학사에서 화학과 물리학이 다시 한 번
올바른 경로를 찾을 수 있도록 이정표를 세운 명석한 인물이었습니다.

왜 아니겠어?

09

시공간의 혁명, 기관차의 아버지

조지 스티븐슨

George Stephenson (1781~1848)

영국의 증기기관차 발명가. 석탄 운반용 기관차 제작을 의뢰받고 산업 현장에 쓰인 첫 실용 증기기관차를 발명했다. 세계의 교통수단에 혁명을 가져왔다.

조지 스티븐슨이

산업혁명 시대를 살았던

어떤 과학 기술자의 이름보다 위대한 것은

그가 발전시킨 증기기관차가

근대의 풍경과 시공간의 개념을

송두리째 바꿔놓았기 때문입니다.

철도 위를 달리는 기관차를 흔히 '철마'라고 부르는 이유가 뭘까요?

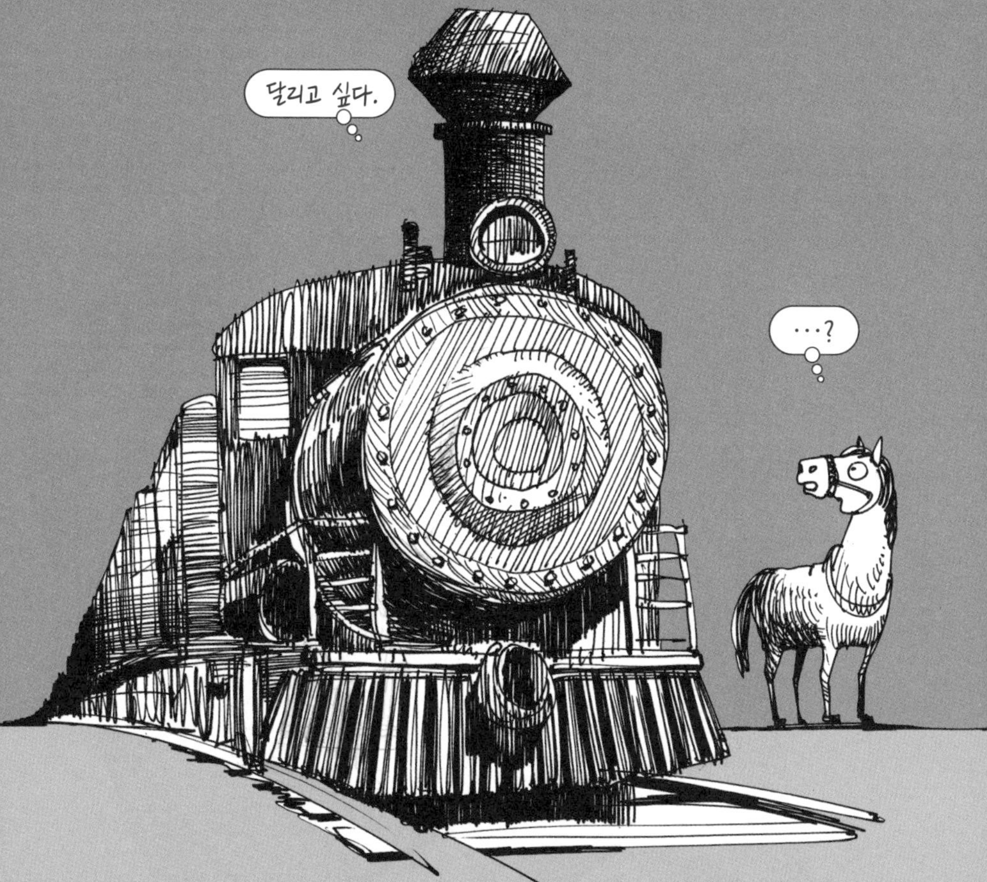
달리고 싶다.
···?

산업혁명 시절 석탄이나 철광석 운송을 위해 깔았던 철로 위에서 화물차를 끈 건 말이었는데,

이제 샛길로 빠지지 마.
제 진로를 억압하시네요.

그 후 거대한 쇳덩어리 증기기관차가 등장한 걸 보고 놀란 영국 사람들이 '철마(iron horse)'라고 불렀기 때문입니다.

저것이 뭐이여?
철마래요.
어떻게 달리는겨?
물을 끓인다네요.
먼 말이여?
철마라니까….

증기의 힘을 이용해 바퀴를 돌리는 탈것에 관한 구상은
꽤 오래전부터 있었습니다.

끙….
밥 안 먹여도 잘 달리는 거 없을까?
똥도 안 싸고.
철퍼덕
철퍼덕

1769년부터 프랑스의 니콜라 조제프 퀴뇨가 여러 번 시행착오를 겪었고,

세계 최초의 교통사고도 내가 냈어.
Nicolas Joseph Cugnot

와트의 조수였던 윌리엄 머독은 나름대로 기관차에 관한 연구를 했지만 결실을 보진 못했습니다.

지금 증기기관 펌프 수리는 안 하고 그런 쓸데없는 거 하고 있을 때여?
증기기관의 아버지가 증기기관차 연구를 말리십니까?

그나마 철로 위를 달리는 제법 실용적인 증기기관차를 처음 선보인 사람은 리처드 트레비식이었습니다.

1804년 내가 만든 기관차. 폼 나지?
이름은 페니다렌.
꽤 근사하네.
Richard Trevithic

무게로 인한 철로의 파손 등 문제점을 개선한 새 모델을 내놓기도 했죠.

이것은 전에 그것보다 훨씬 빨라.
그래서 이름이 'Catch Me Who Can'이야.
이름이 '나 잡아봐라'?
너무 빨라서 결국 탈선해버렸어.

그 후로도 철로 위에 말보다 빠르고 효율적인

기관차를 올려놓기 위한 노력은 계속되었습니다.

1812년 매슈 머리의 살라망카

1813년 윌리엄 헤들리의 퍼핑 빌리

그 무렵 영국 뉴캐슬 부근의 탄광촌에서 태어나고 자란
조지 스티븐슨도 증기기관차에 인생을 걸고 있었습니다.

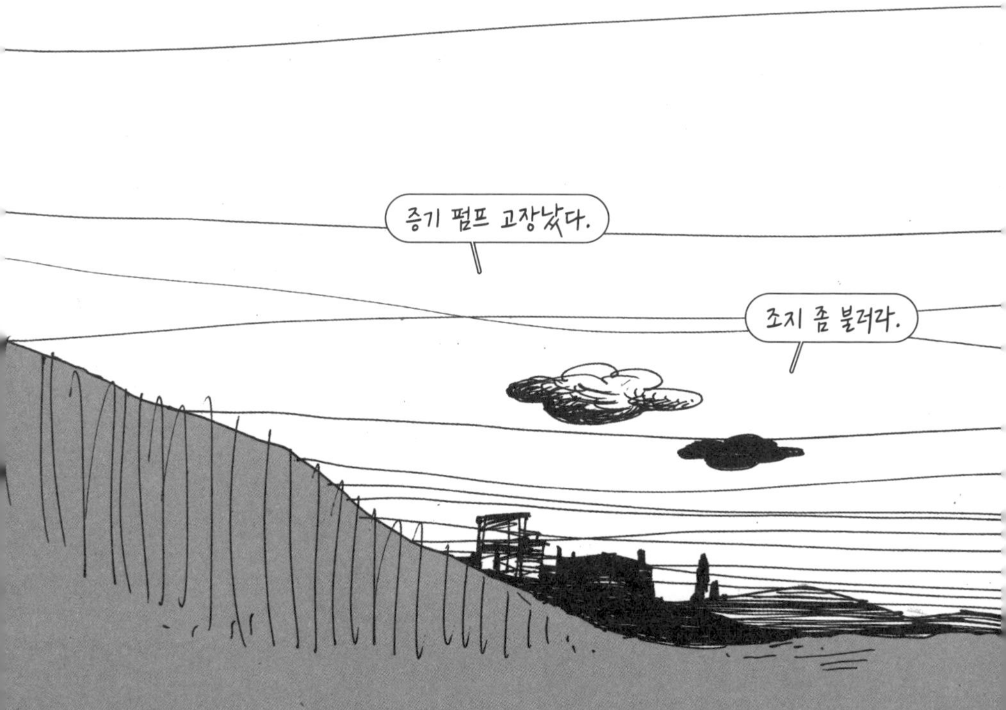
증기 펌프 고장났다.
조지 좀 불러라.

그는 집안 형편이 어려워 학교에도 다니지 못했지만
자신의 처지를 비관하지 않았습니다.

학교도 못 다니고 독학하려니 힘들지?
괜찮아요.
이렇게 해서 출세하면 더 폼 나잖아요.

스티븐슨은 탄광의 기계들을 관리하고 수리하면서
증기기관의 작동 원리를 익혔습니다.

조지의 기계 다루는 솜씨는 영국 최고일 거야.
장담하는데 쟤는 나중에 큰일 낼 거야.
뚱땅
뚱땅

거의 성인이 다 되어 글을 깨우친 다음부터는 증기기관차에 관한 설계 자료들을 찾아서 공부했죠.

조지, 너 요새 뭐 허냐?
선행 연구 사례들 살펴보고 있어요.
그것이 뭐여?
이담에 나의 업적을 빛내줄 밑거름이죠.

스티븐슨의 타고난 근성과 꾸준히 갈고닦은 실력은 주위에 알려졌고,

이 동네서 증기 밸브 누가 제일 잘 고쳐?
누구긴, 조지지.
뉴캐슬에서 제일가는 증기기관 기술자가 누구야?
누구긴, 조지지.
증기기관차도 조지가 제일 잘 만들겠네?
두말하면 조지지.

1813년 킬링워스 광산 소유주로부터 석탄을 운송하는 기관차 제작 의뢰를 받았습니다.

광산에서 부두까지 석탄 나르는
증기기관차 한번 만들어보겠나?
맡겨만 주세요.
제대로 만들 수 있겠지?
당근이죠.

그렇게 해서 산업 현장에 쓰인 첫 실용 증기기관차 '블뤼허'가 세상에 나왔습니다.

성공했어!
Blucher
역시 조지여!
쟤 큰일 낼 거라고 내가 그랬지?

그때부터 본격적으로 철도 사업에 뛰어든 스티븐슨은

더욱 성능이 좋은 기관차 개발과 튼튼한 철로 부설에도 관심을 쏟았습니다.

기관차가 속도를 더 내려면
바탕이 실해야 하는 법!
기관차로 돈을 벌려면
인프라가 중요하다 그 말씀이죠?

몇 년 후 영국 의회에서는 스톡턴과 달링턴을 연결하는 운송수단을 정하는 데 갑론을박했습니다.

철도로 합시다.
하던 대로 운하로 합시다.
운하 얘긴 하지 말게.
왜?
왠지 기분 안 좋아.

하지만 이에 대비해 만반의 준비를 해왔던 스티븐슨은 자신에게 찾아온 기회를 놓치지 않았습니다.

화물열차 6량과 여객열차 28량을 거느리고도
시속 20km로 달릴 수 있는 기관차.
내 이름은 로코모션.
LOCOMOTION

스티븐슨에게는 자신의 사업을 착실히 이어갈 똑똑하고 반듯한 아들도 있었습니다.

로버트, 넌 뭐가 되고 싶니?
제가 아버지 닮아서 머리 좋고 직관도 뛰어나고 부지런하잖아요? 거기에 한 가지가 더 필요해요.
뭔데?
대학 졸업장이요.

대학에서 기계를 전공한 로버트의 공학 지식은 스티븐슨의 기관차 사업에 날개를 달아주었습니다.

로버트, 우리 회사가 리버풀-맨체스터 철도 사업을 맡았단다. 거리가 무려 45km.
가업이 날로 번창하네요.

자신만만했던 스티븐슨 부자는 기관차 경주 대회를 제안할 정도였습니다.

독점 특혜 시비를 일소하기 위해
기술력으로 인정받는 1등 기관차를
선정하자고 제안하는 바요.
누구 좋으라고?
어차피 나머지는 들러리.

조지와 로버트는 비장한 각오로 운송의 역사를 장식할 기관차 제작에 임했습니다.

아버지, 이번 기관차 디자인은 미니멀하면서도 스마트한 게 좋겠어요.
너 대학 물 먹었다고 어려운 말 쓰냐? 그 옷은 또 뭐냐?
열효율을 높이고 직경이 큰 동력 바퀴를 달자는 말이죠.

그 결과 1829년 세상에 등장한 기념비적인 기관차가 '로켓' 입니다.

ROCKET!
와! 저 기관차 생긴 것 좀 보소.
빠르기는 또 얼마나 빠르고!
훗날 교과서에 실릴 거야!

곧이어 전 세계에 일어난 철도 건설의 붐.

증기기관차는 유럽을 넘어 미국에까지 전해졌습니다.

반가워요.
뭐고?
증기기관차예요.
뭔데?
너보다 똑똑한 사람들이 만든 새 물건이죠.

스티븐슨의 증기기관차 개발은 단순히 운송수단의 혁신만이 아니었습니다.

근대 문화의 표상이었지.
당시 풍경화의 주인공이었어.

근대인의 생활 문화 전반을 근본적으로 바꾼 시대의 아이콘.

생활에서 속도의 개념이 달라졌고.
덕분에 표준시 개념이 생겼고 기차역마다 시계가 걸렸지.

시인 하이네는 철도가 공간을 살해했다는 표현을 쓰기도 했습니다.

아무리 멀리 떨어진 곳이라도 빠르게 연결되고 교류가 이루어지니까.
전역으로 연결된 철도망이 사람들의 소통 감각을 변화시켰으니까.

스티븐슨이 건설한 철도 문화는 과거의 유산으로만 남지 않고 지금도 세계 모든 곳에서 그 역할을 수행하고 있습니다.

칙칙폭폭….
고속철인데 웬 칙칙폭폭?
이것은 기차에서 나는 소리가 아닙니다.
마음에서 나는 소리입니다.

10

오! 패러데이

마이클 패러데이 1

Michael Faraday (1791~1867)

영국의 화학자이자 물리학자이다. 전자기유도 실험, 벤젠 등의 기체 발견, 전기분해 실험 등 관행적 사고에서 벗어나는 실험을 통해 다양한 업적을 남겼다.

갈릴레이, 뉴턴, 아인슈타인,

과학사에 이름을 남긴 위인은 셀 수 없이 많지만

마이클 패러데이만큼 아름다운 과학자가 또 있을까요?

전자기학에 크게 기여했던 그는

늘 겸손하고 재물을 멀리했으며,

어린 학생들에게 꿈을 심어주는 일을

보람으로 느끼며 산 인물이었습니다.

발전은 전기를 만든다는 뜻으로, 발전소는 전기를 만드는 곳이죠.

발전소에서 전기를 어떻게 만드는지 아세요?
어떻게 만들긴, 누진세 붙은 전기 요금 받아서 만들지.

수력·화력·풍력·원자력 발전소에서는 각각의 방식으로 자석을 돌려 전기를 만듭니다.

자석을 빙빙 돌려서 전류가 흐르게 한다?
자석의 운동에너지를 전류로 바꾸는 원리죠.
영구자석 속에서 코일을 돌리는 거지만, 자석을 돌리는 거나 마찬가지 효과예요.

자기와 전기는 상보적입니다. 전지 없이 자기장만으로도 전류를 생성할 수 있는데, 이를 전자기유도라고 하죠.

네가 고요했던 내 삶에 평지풍파를 일으켰어.
S
N
피차일반이야.
그럼 우린 뗄 수 없는 애정 관계?
어쩌면 원수지간.

전자기유도로 전기를 만드는 방법은 영국의 한 과학자의 역발상에서 나왔습니다.

모두가 한 방향만 바라볼 때,
누군가는 반대쪽을 상상하지.
아저씬 누구세요?
반대로 상상한 사람.

전자기학의 위대한 선구자이자 영국인들이 뉴턴에 버금갈 정도로 총애하는 과학자, 마이클 패러데이.

패러데이는 위대한
물리학자였다!
화학자였다!
전기공학자였다!
영국 사람이었다!

그는 생전에도 전기학에 공헌한 업적을 인정받아 과학계와 영국 정부로부터 많은 찬사와 제안을 받았지만,
모든 과학자가 선망하는 왕립학회 회장직을 맡아주시오.
당신은 패러데이 경으로 불릴 만하오. 당신의 묘지로 웨스트민스터 사원의 뉴턴 경 옆자리를 제안하는 바요.

모두 거절하고 세상을 떠날 때까지 과학에 헌신하며 소박하게 살았습니다.

No.
귀족이 싫어?
왜? 부족해?
저한테 과분합니다.
그럼 뭘 원해?
그저 아이들에게 과학을 가르칠 수 있게 해주세요.
사설 학원으로 돈 벌게?
배울 기회가 없는 아이들도 꿈꿀 수 있도록 지원해 주세요.
왜?
저도 그랬으니까요.

어린 시절 그의 가족들은 빵 한 덩이로 일주일을 버텨야 했습니다.

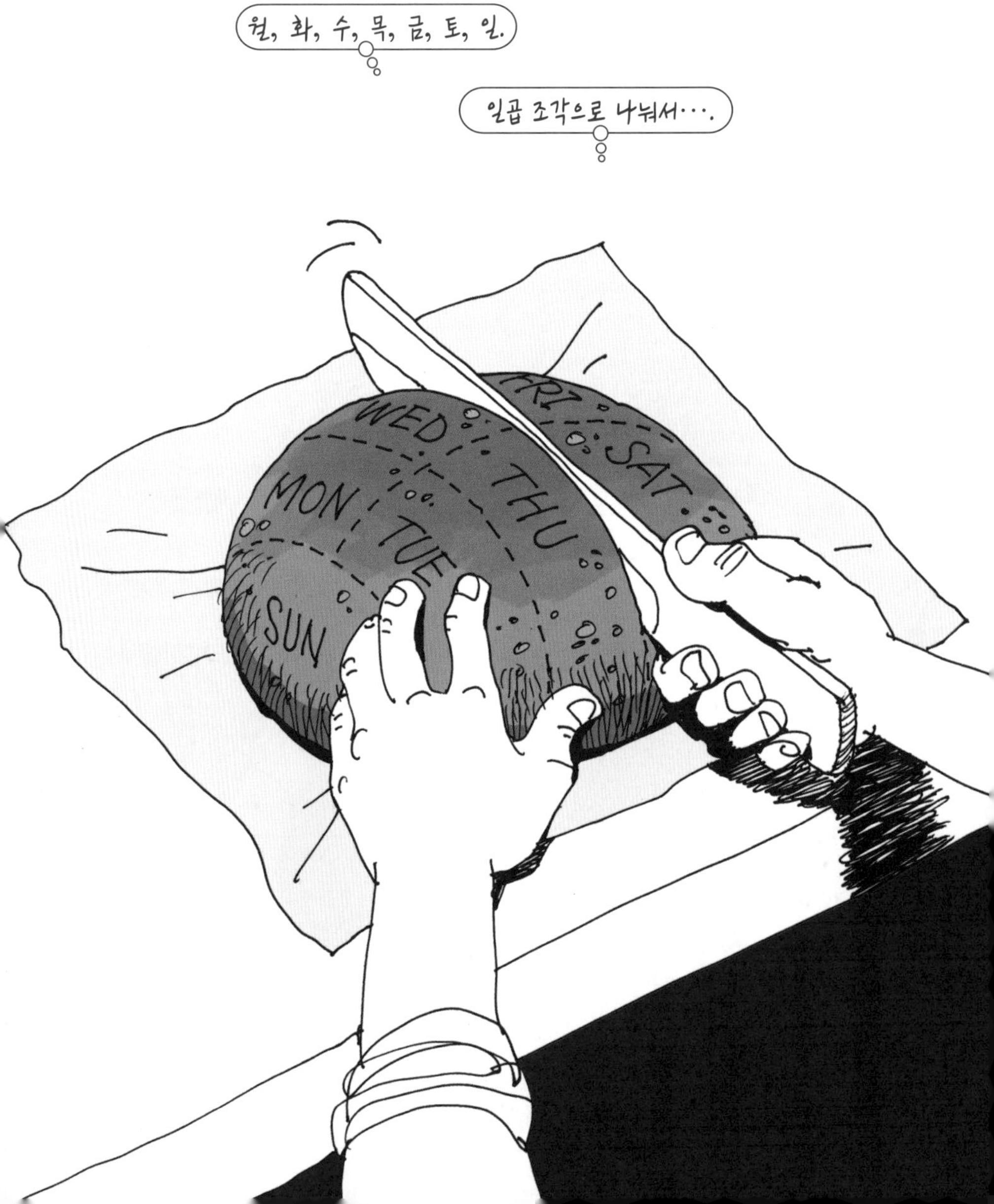
월, 화, 수, 목, 금, 토, 일.
일곱 조각으로 나눠서….
MON
TUE
WED
THU
FRI
SAT
SUN

가난한 대장장이의 아들로 태어나 하루하루를 힘겹게 살았던 어린 시절은 과학자가 될 운명과는 거리가 멀었습니다.

패러데이, 넌 학교 안 가?
못 가. 딴 데 가야 해.
어디?
돈 벌러.

그나마 과학자가 되는 길로 인도한 운명의 힘이 있었다면
그건 패러데이가 돈을 벌기 위해 일했던 제본소였습니다.

학교 안 가고 여기서 일하고 싶다고?
읽기, 쓰기, 산수만 배우고 관뒀습니다.
일하기 딱 좋을 만큼만 배웠네.

위인전은 개인의 경험들을 운명적으로 그리긴 하지만,
그에게 제본소 일은 확실히 남달랐습니다.

마이클, 일 안 힘들어?
힘들지.
넌 왠지 즐기는 거 같은데?
책을 공짜로 다 읽을 수 있으니까.
그것도 신간으로.
하루 종일 책 만들고 그걸 또 붙들어?
지겹지도 않냐?

특히 과학 관련 책들은 그의 힘든 처지를 열정으로 덮을 만큼 소중한 보배였습니다.

한 권씩 읽을 때마다 꿈이 커가는 느낌이야.
그렇게 꿈만 부풀리다가 나중에 빵 터지면 어쩌려고?

많이 배우지 못했지만 패러데이는 쉬운 책부터 읽고 또 읽었습니다.

《브리태니커 백과사전》이 나를 새로운 세계로 이끌고 있어.
제인 마르셋이 쓴 화학 입문서 《화학에 관한 대화》는 정말 친절해.

그러던 중 운명의 기회가 찾아왔죠.

내가 학교는 안 다니지만 뭘 배우려고 안달인 것 같다고 누가 이걸 주더라고.
뭔데?
강연 티켓.

당시 영국 왕립연구소는 일반인을 대상으로
교양 과학 강좌 프로그램을 운영했는데,
먹고 노는 데 싫증 나서 뭔가 배워볼까 하는 사람들을 위한 강좌입니다.
뭘 가르치는데?
The Royal Institution
배워도 그만 안 배워도 그만인 과학입니다.
왜 가르치려는데?
잘난 우리끼리만 배우는 데 싫증 나서 그럽니다.

그중에서도 가장 인기가 많았던 강사는 잘생겨도 너무 잘생긴 화학자 험프리 데이비였습니다.

Sir Humphry Davy
어머! 험프리들은 다 잘생겼나 봐!
험프리가 또 있어?
험프리 보가트라고
한 100년 후에 나올 거야.

데이비는 귀족 작위를 받을 정도로 명망가이자 뛰어난 화학자였습니다.

데이비 경이세요.
알칼리 금속을 발견하셨죠.
비실용적인 전구도 발명하셨고.
Sir Humphry Davy

패러데이는 데이비의 강의를 열심히 들으며 메모하고 정리했습니다.

이렇게 열심히 정리하면
언젠가 나도 과학자가 될 수 있겠지.

그러면서 과학을 향한 꿈이 커질 대로 커져 급기야 과학자들 모임의 수장에게 편지를 썼습니다.

아무리 하찮은 일이라도 좋으니 왕립학회에서 일할 수 있게 해주십시오.
누구한테 보내는 거야?
왕립학회 회장.
왕립학회 회장이면 왕?
과학자들의 우두머리야.

그러나 돌아온 것은 싸늘한 반응이었습니다.

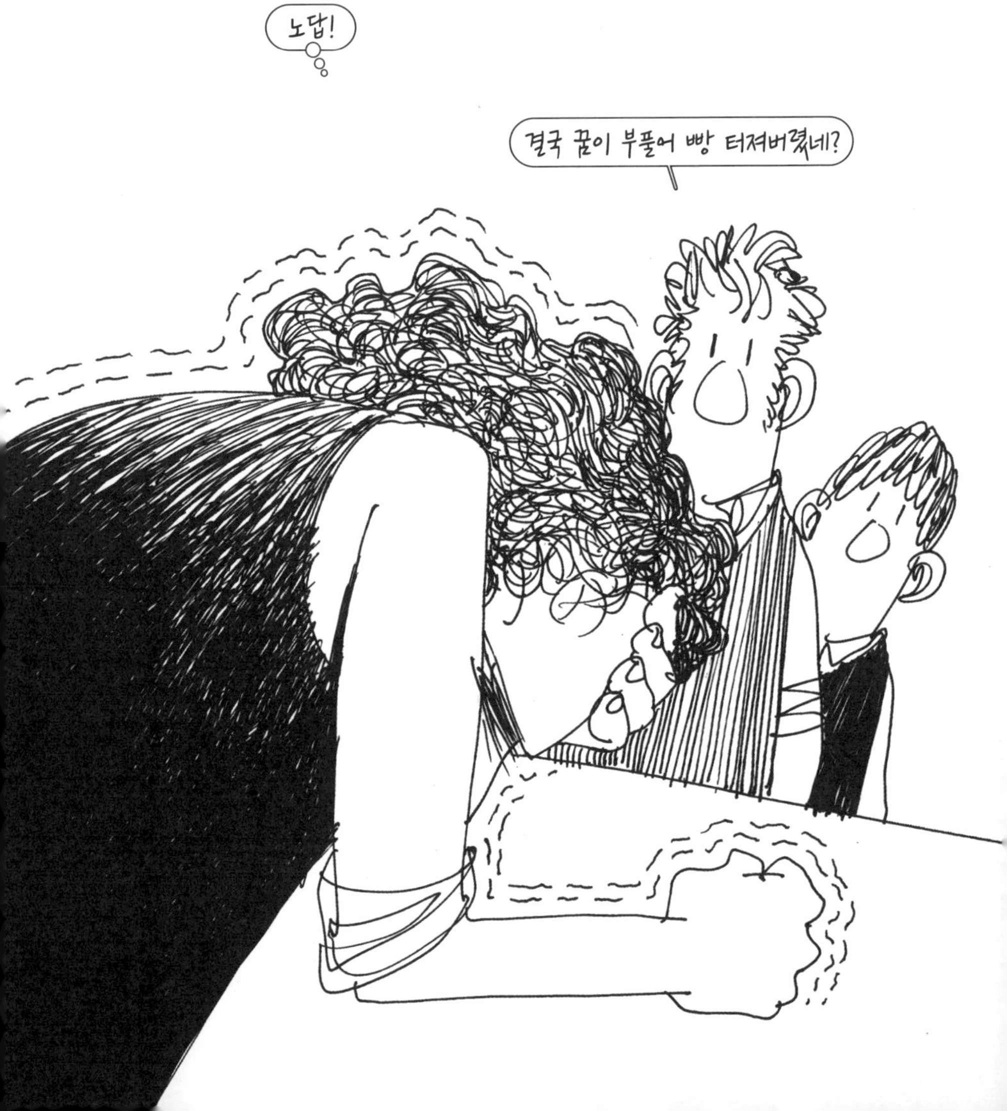
노답!
결국 꿈이 부풀어 빵 터져버렸네?

패러데이는 굴하지 않고 이번에는 데이비에게 다시 편지를 썼습니다.

이왕 빵 터진 꿈, 갈 데까지 가보자.
또 써?
강의 들으면서 정리한 노트를
정성스레 제본해서 함께.

결국 그의 꿈과 노력과 열정, 그리고 386쪽에 이르는 강의 노트는 데이비의 마음을 움직였습니다.

어때요? 쓸 만한 친굽니까?
안 불러주면 계속 편지 쓸 거 같아.

데이비의 부름을 받은 패러데이는 뒤도 돌아보지 않고 과학의 세계로 달려갔죠.

저 취직했어요!
여기가 직장인데?
왕립연구소에 취직했어요.
여기보다 월급 많이 준대?
먹여만 줘도 갈 겁니다.

비록 실험실 조수로 소박하게 시작했지만 그날부터 왕립연구소는 그에게 일터이자 학교이자 집이 되었습니다.

때마침 내가 눈을 다쳐 일손도 필요했고,
또 때마침 실험실 조수가 느닷없이 잘리기도
해서 부른 거지만, 나중에 유명해지면
내가 자네를 발굴한 은인이라고 하게.
이미 은인이십니다.

데이비의 지질 탐사 겸 유럽 대륙 여행에 조수로 동행한 것은 더없이 소중한 경험이었습니다.

파리에서는 기체반응의 법칙을 발견한
게이뤼삭의 강연도 들었고,
이탈리아 파비아에서는 글쎄 볼타전지를 만든
바로 그 볼타도 만났죠.
Joseph Gay Lussac
Alessandro Volta
그렇게 좋은가?
너무 좋아 미칠 지경이었죠.

패러데이가 수없이 반복한 실험과 연구를 통해 과학 지식을 쌓고 논문도 수차례 발표하자, 과학계에서는 그를 주목하기 시작했습니다.

1816년 가성석회에 대한 논문
1820년 탄소의 새로운 염소화합물 발견
1823년 기체의 액화 연구
1825년 부틸렌과 에틸렌 이성체 발견
1826년 벤젠 발견
마이클 패러데이라고 들어봤나? 대단하던데?
학교도 제대로 안 다녔대.

그리고 1824년 드디어 꿈에도 그리던 왕립학회 회원이 되었습니다.

우린 거의 박사 학위 한두 개쯤 가진 사람들이지만
자넬 환영하지 않을 재간이 없네.
이러다 나보다 더 유명해지겠는걸?
언감생심입니다.

그러나 그건 시작에 불과했습니다. 그의 이름을 역사에 길이길이 새긴 '패러데이의 법칙'이 남아 있었으니까요.

1831년에 내 인생도 세상도 바뀌었죠.

패러데이의 법칙을 얘기하려면 먼저 덴마크의 과학자 한스 크리스티안 외르스테드의 발견을 짚고 가야 합니다.

전자기학의 물꼬를 텄다고나 할까?
Hans Christian Ørsted
뭘 발견했는데?
전기와 자기 사이에 다리를 놓았대요.

18세기 내내 과학자들은 자기장과 전기장에서 벌어지는 일들은 완전히 별개라 보았고, 19세기에 들어서서도 둘 사이에 어떠한 실증적 관련성도 찾지 못했습니다.

자석은 자기장을 만든다.
전하는 전기장을 만든다.
너희는 자석만 갖고 놀잖아.
전류만 흘려대는 너희보다 낫네.

그러던 1820년 어느 날 코펜하겐 대학에서 전류에 관한 실험을 하던 외르스테드는 놀라운 광경을 보게 되었습니다.

전류가 흐르는 도선 가까이에 우연히 놓여 있던 나침반이 움직인 것입니다.

이 나침반은 그냥 움직인 것이 아니야.
나침반이 지금 나를 향해 호소하고 있는 거야!
전 손 안 댔는데요?
교수님 전공은 신학이 아니라 물리학이잖아요?
전류가 자석을 움직인 거란 말이다!

누구 못지않게 직관이 뛰어났던 외르스테드는 전하의 운동이 자기장을 만들어낸 현상이란 걸 알아챘습니다.

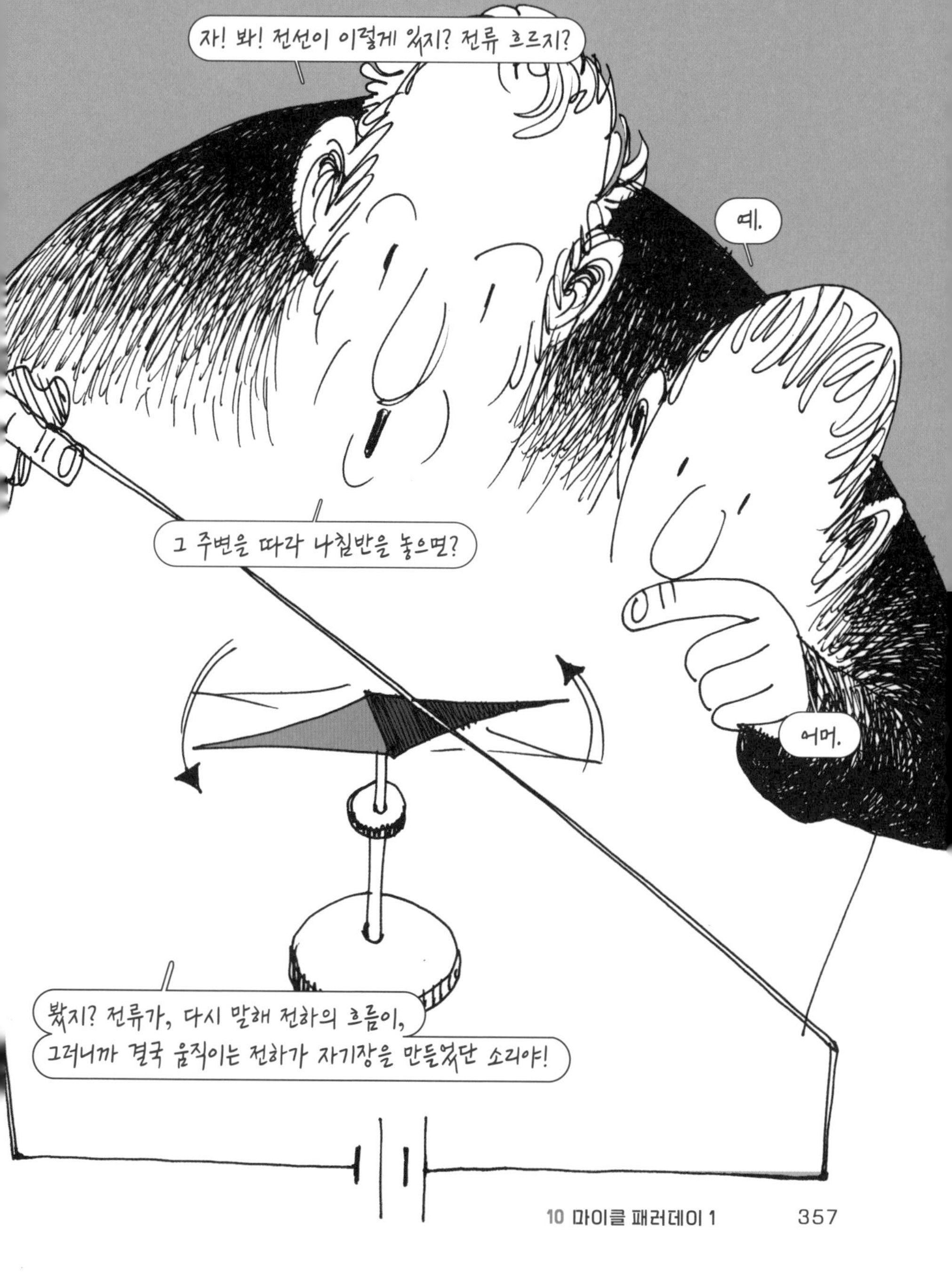
자! 봐! 전선이 이렇게 있지? 전류 흐르지?
예.
그 주변을 따라 나침반을 놓으면?
어머.
봤지? 전류가, 다시 말해 전하의 흐름이,
그러니까 결국 움직이는 전하가 자기장을 만들었단 소리야!

외르스테드의 발견은 곧 온 유럽의 과학자들을 고무시켰고,

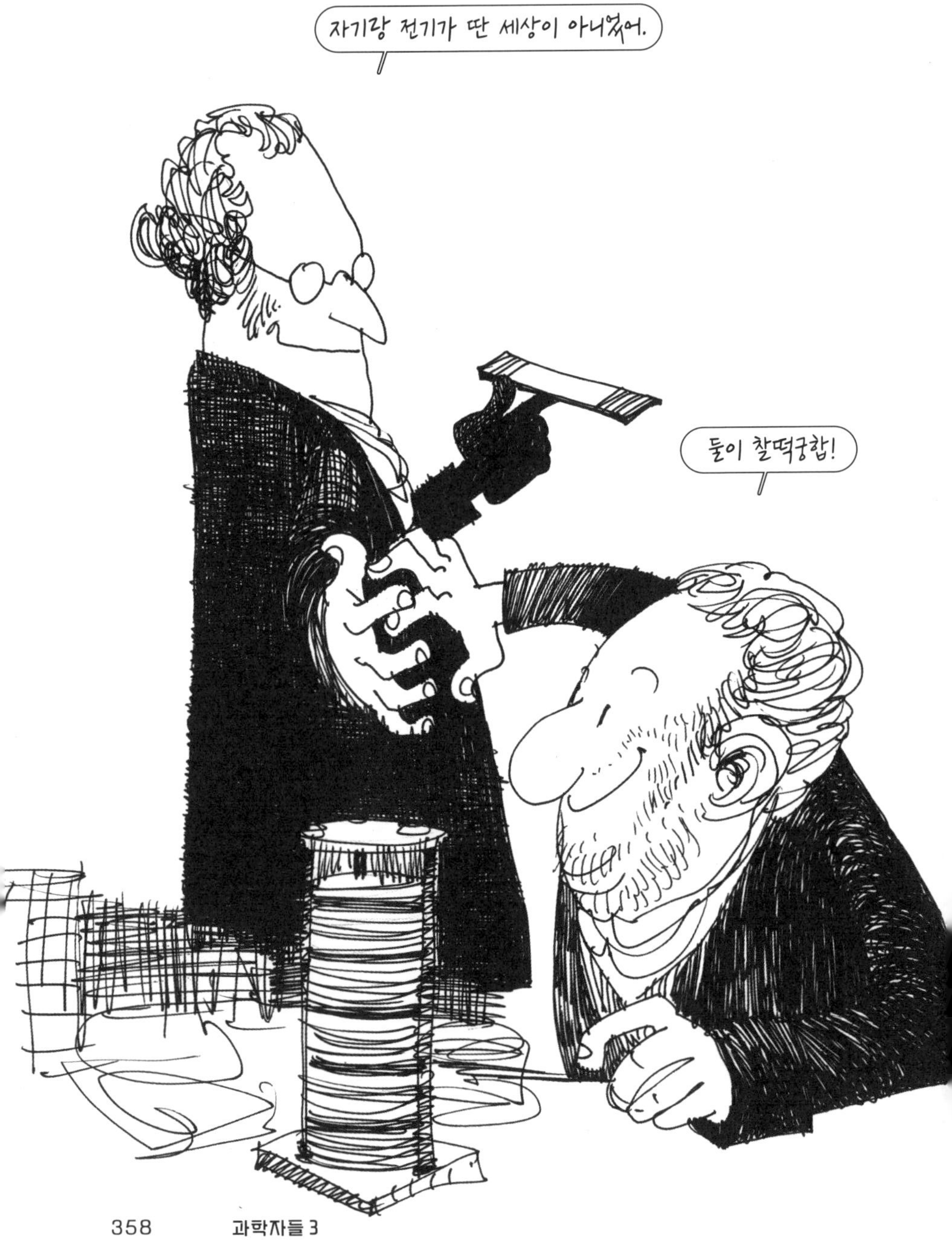
자기랑 전기가 딴 세상이 아니었어.
둘이 찰떡궁합!

이후 과학자들은 전기장과 자기장의 관련성을 밝히는 연구에 매달리게 되었죠.

자기장으로 전류를 만드는 것만 성공하면 노벨상은 따놓은 당상이여.
노벨은 아직 태어나지도 않았어요.

그러기를 10년째. 이제 패러데이의 역사적이고 탁월한 직관이 발휘될 때가 눈앞에 다가온 것입니다.

1831년 새해가 밝았습니다.
데이비 경, 올해도 복 많이 받으세요.
그런데 왠지 모를 질투심이 밀려온다네.

11

전자기유도

마이클 패러데이 2

Michael Faraday (1791~1867)

외르스테드의 연구 성과로

자기장과 전기장이 따로 분리된 영역이 아니라는

사실이 밝혀진 이후 온 유럽의 내로라하는

과학자들이 그 현상에 매달렸습니다.

패러데이는 탁월한 직관과 남다른 통찰력,

지칠 줄 모르고 수행한 실험을 통해

전자기학 시대의 문을 활짝 열었습니다.

17세기가 역학의 시대였다면 18세기는 전기학의 시대였습니다.

뉴턴의 시대에 질량이 문제였다면,
우리 시대의 주인공은 뭐겠어?
전하!

정전기에 관한 궁금증이 풀리면서 과학자들은 전하의 흐름을 밝혀냈고 전하와 힘의 관계에 관한 법칙을 정리하기도 했죠.

Benjamin Franklin
벤저민 프랭클린, 샤를 드 쿨롱.
대전된 두 물체 사이에 작용하는 힘은 두 전하의 곱에 비례하고 물체 간 거리의 제곱에 반비례한다는 쿨롱의 법칙은 마치 만유인력 법칙을 모방한 것 같죠.
Charles de Coulomb
q_1
q_2
r
쿨롱이 들으면 발끈할 텐데?

그런 과학계의 동향은 19세기까지 그대로 이어졌고,
1820년 외르스테드의 발견으로 전자기학의 개념이 탄생했습니다.

전기랑 자기장은 전혀 별개라고 생각했는데 아니었어.
Hans Christian Ørsted

전하의 흐름, 즉 전류에 의해 자기장이 생겨난다는 사실이 밝혀졌죠.

외르스테드가 전류로 자석을 움직였대!
어떻게 했대?
정리 정돈을 잘 안 한 탓에 전류 실험하는 도선 옆에 나침반이 널부러져 있었대.

외르스테드가 발견한 현상에 고무된 프랑스의 물리학자 앙드레마리 앙페르도 자신이 발견한 법칙을 보탰습니다.

오른손 엄지를 치켜세워봐.
그럼?
André-Marie Ampère

전류가 흐를 때 도선을 중심으로 한 동심원 모양의 자기장이 생기는데 자석은 접선 방향으로 움직인다는 법칙이죠.

자기장의 방향은 나머지 손가락 방향이 돼.
과학적 발견이라고 하기엔 좀 단순한데?
전류를 둘러싼 자기장 폐곡선의 접선 방향 성분을 적분한 값이 폐곡선을 관류하는 총전류와 같다고 하면 좀 과학적으로 들려?
됐네.

앙페르는 평행하게 전류가 흐르는 두 도선 사이에 인력과 척력이 생긴다는 사실도 알아냈습니다.

전류의 방향이 같으면 당기고, 다르면 밀치지.
자석처럼? 설마.
실험해 봐.

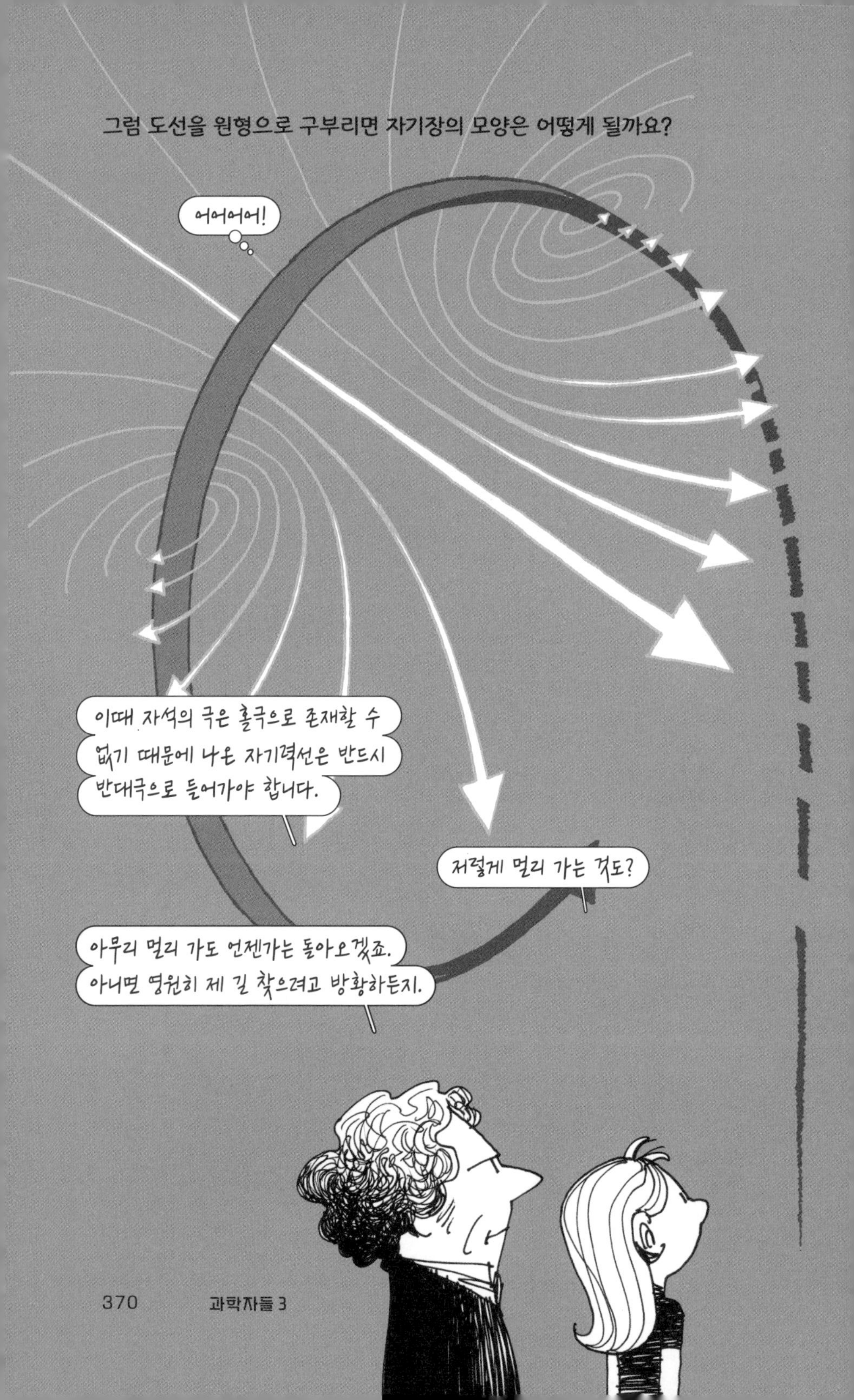
그럼 도선을 원형으로 구부리면 자기장의 모양은 어떻게 될까요?
어어어어!
이때 자석의 극은 홀극으로 존재할 수 없기 때문에 나온 자기력선은 반드시 반대극으로 들어가야 합니다.
저렇게 멀리 가는 것도?
아무리 멀리 가도 언젠가는 돌아오겠죠. 아니면 영원히 제 길 찾으려고 방황하든지.

이제 도선을 많이 감아 코일을 만들면?

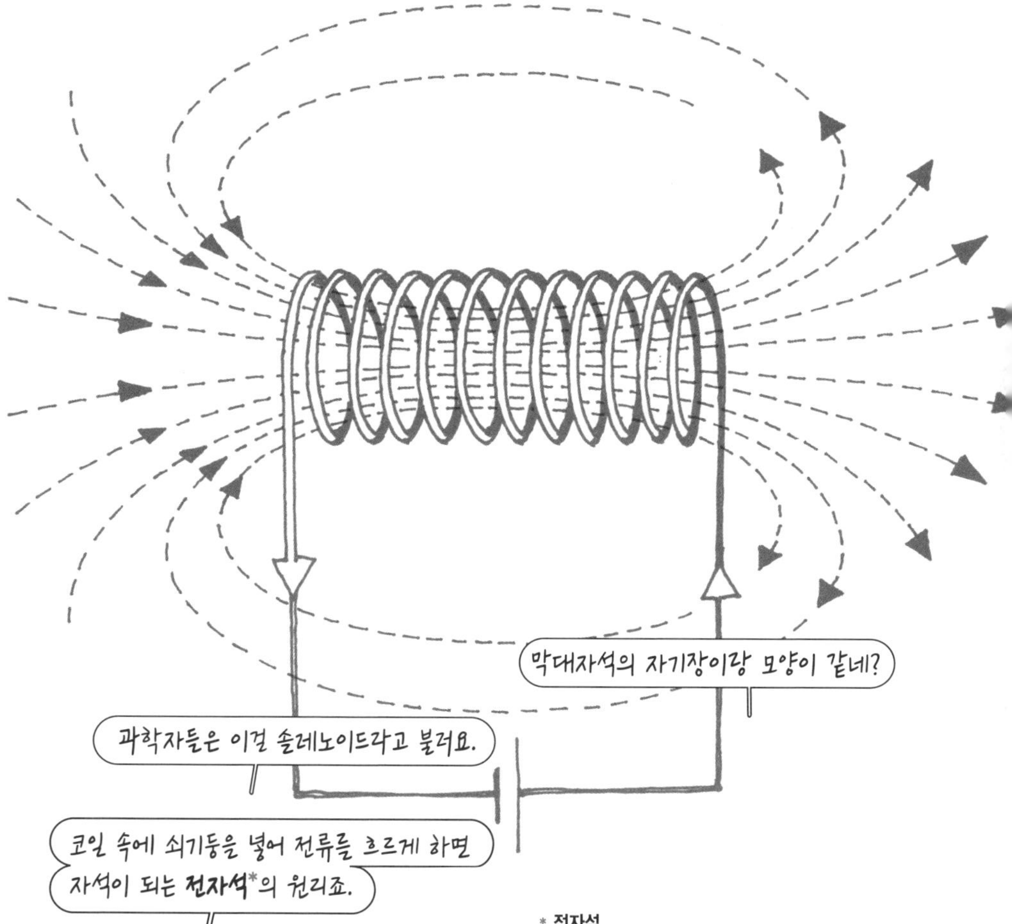
막대자석의 자기장이랑 모양이 같네?
과학자들은 이걸 솔레노이드라고 불러요.
코일 속에 쇠기둥을 넣어 전류를 흐르게 하면
자석이 되는 전자석*의 원리죠.

*** 전자석**
전류가 흐르면 자기화되고, 전류를 끊으면 원래의 상태로 돌아가는 일시적 자석.

이렇게 전류와 자기장의 관계를 확신한 과학자들은 좀 더 획기적인 연구에 박차를 가하기 시작했고,

뭐 또 발견할 거 없나?
먼저 발견하는 사람이 임자다.
발견한 걸 과학자답게 단순한 방정식으로 정리해야 하지 않을까?
그런 건 나중에 맥스웰한테 맡기자고.
맥스웰이 누군데?
전자기학의 뉴턴이랄까?

이 모든 것을 패러데이는 지켜보고 있었습니다.

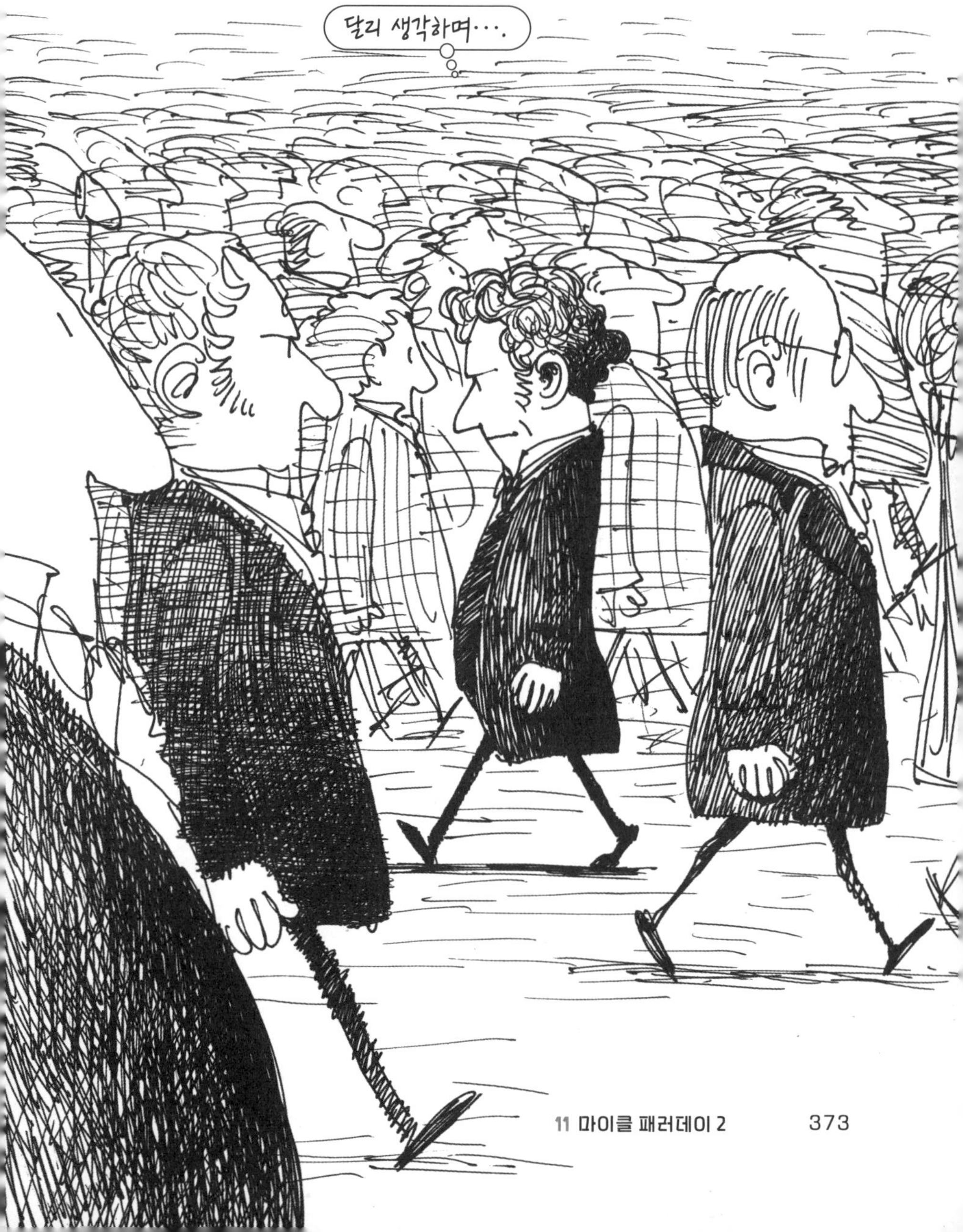
달리 생각하며….

패러데이가 여느 과학자들과 달랐던 점은 정규 교육을 받은 과학자들처럼 관행에 따라 사고하지 않았다는 것입니다.

과학적 사고의 규칙에 발목 잡힐 일이 없었거든요.
과학적 사고의 규칙이 뭔데?
배우지 않은 허튼 상상은 하지 말라는 거.

1822년에 쓴 패러데이의 노트에는 "자기는 전기로 변한다"라고 적혀 있습니다.

이를테면 자석이 배터리가 될 수 있다는 건가?
배터리는 화학반응으로 전류를 만드는 거죠. 내가 상상한 건 발전기 원리.

외르스테드의 발견과 정확하게 대칭되게, 자석이 전류를 만들 수도 있다고 생각한 그는 자신만의 실험을 해보기로 마음먹었습니다.

자석이 전류를 만든다면, 그 전류에 따라
자기장이 생기고, 자기장은 또다시 전류를
유도하고, 그럼 전류만 가지고도 자기장을 만들고
그 자기장으로 인해 유도전류가 생기고….

먼저 **기전력***이 없는 회로를 만들어 자석을 움직여본 것입니다.
회로에는 전류를 감지할 수 있는 검류계를 연결했죠.

* **기전력**
두 점 사이의 전위차를 발생시켜
전류를 흐르게 하는 힘.

만화라서 검류계 대신 전구 그림?
전지도 없는데 전류가 생길까?
전지 대신 다른 걸 써야죠.

자석이 도선 주위에 멈춰 있을 때는 아무런 반응이 없었지만
자석을 움직였더니 자기장의 변화가 전류를 발생시켰습니다.

전류가 발생했다!
S
N

패러데이의 실험 결과는 세상을 놀라게 했습니다.

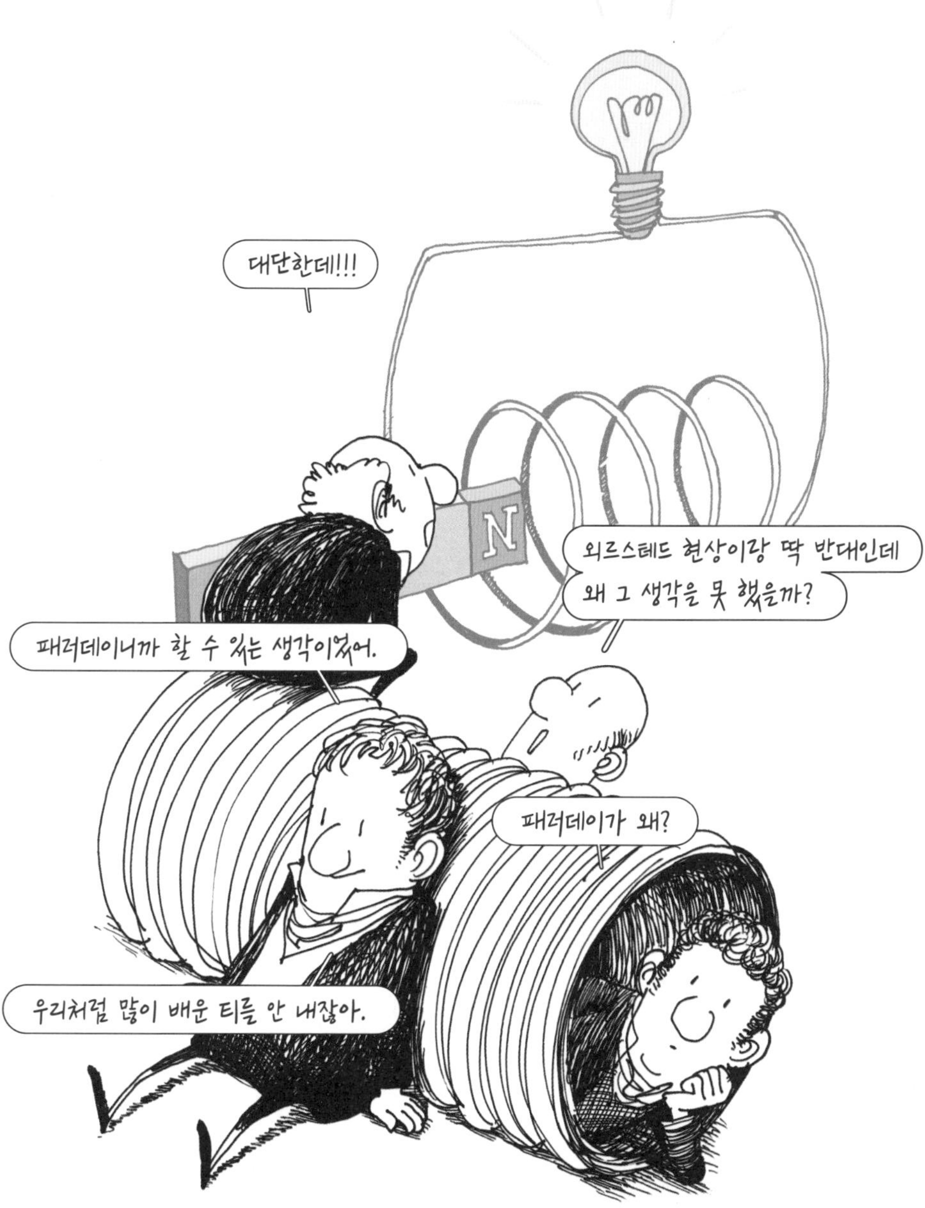
대단한데!!!
외르스테드 현상이랑 딱 반대인데
왜 그 생각을 못 했을까?
패러데이니까 할 수 있는 생각이었어.
패러데이가 왜?
우리처럼 많이 배운 티를 안 내잖아.

패러데이가 한 실험에서 코일 속으로 자석을 밀어 넣을 때와 빼낼 때 전류의 방향이 바뀐다는 사실도 알 수 있습니다.

자석이 멈췄을 때는 전류가 안 생기는 거지.
그리고 자석을 움직이는 속도가 빠르면 전류가 더 많이 생겨.
감은 코일이 많아도 전류가 많이 생기지.
N
S

이 같은 실험 결과는 독일의 과학자 하인리히 렌츠에게도 영감을 주었습니다.

패러데이의 실험 소식을 듣고도 아무것도 깨닫지 않으면 동시대의 과학자라 할 수 있겠는가?
Heinrich Friedrich Emil Lenz
뭘 깨달을 건데?
전류의 방향이 바뀌는 원인을 알아야지.

렌츠는 전류가 **자속***의 변화를 방해하는 방향으로 흐른다는 걸 깨달았습니다.

* **자속**
자기장이 있는 공간에서 어떤 면적을 지나가는 자기력선의 물리량.

자석이 다가가면 코일에 유도되는 전류는 자속을 방해하는 방향이 돼.
어떻게?
다가오는 자석의 자기장을 밀어내는 방향으로 자기장을 만들려고. 그러려면?
그런 자기장을 만들 수 있는 방향으로 전류가 흐르는구나.
N
S
그런데 막상 또 멀어지려 하면 반대 방향으로 생겨.

1834년 발표한 '렌츠의 법칙'은 전자기학에서의 관성의 법칙이랄까요?

오지 마! 오지 마!
S
N
가지 마! 가지 마!
S
N
다가가면 거부하고 멀어지면 붙잡으려 하고,
전자기학은 그러니까··· 밀당이네?
자연은 급격한 변화를 싫어하니까.

자기장의 변화를 전류 생성으로 이끈 패러데이의 전자기유도 실험은 오늘날 발전의 원리가 됩니다.

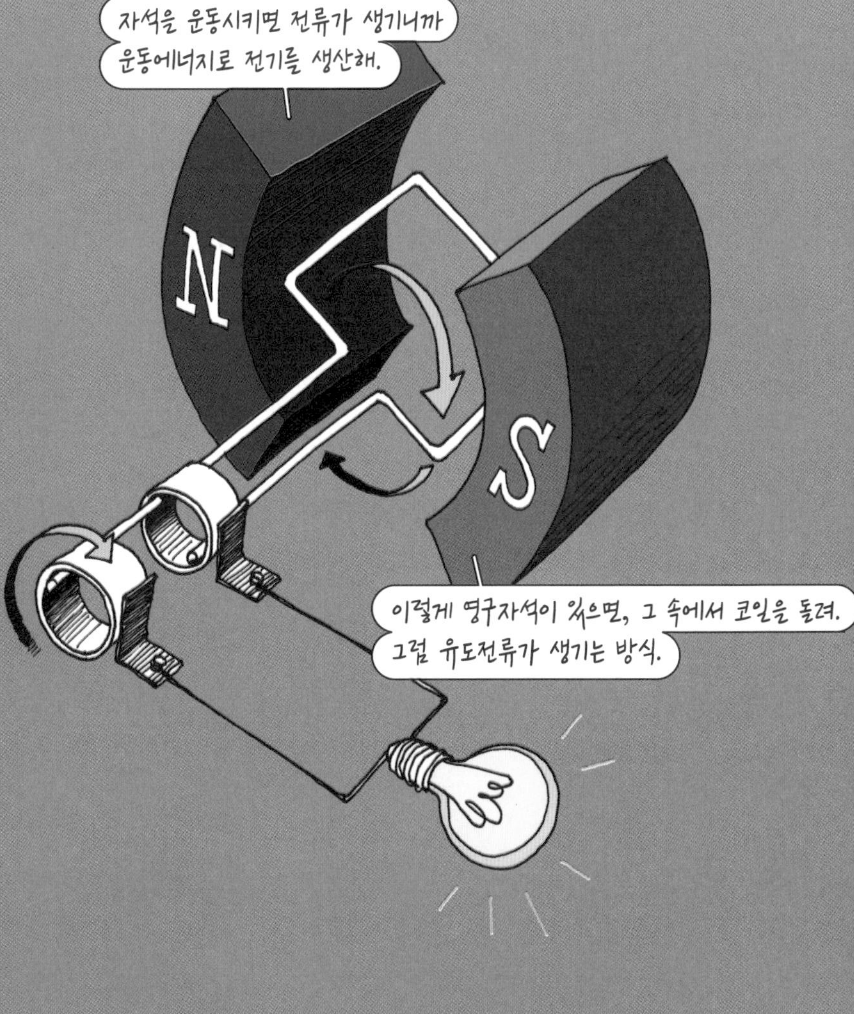

자석을 운동시키면 전류가 생기니까 운동에너지로 전기를 생산해.
N
S
이렇게 영구자석이 있으면, 그 속에서 코일을 돌려. 그럼 유도전류가 생기는 방식.

수력·화력·풍력·조력·원자력 발전소는 모두 각각의 운동에너지를 이용해 전기를 생산하는 방식입니다.

수력 발전소에서는 자석을 물레방아 돌리듯 돌리면 전류가 생겨.
풍력 발전소는 바람개비를 자석에 연결해서.
화력 발전소는 증기 터빈을 돌리지.

패러데이는 전기에너지를 운동에너지로 바꾸는 실험도 했습니다.

이렇게 금속 지지대에 도선을 연결하고,
가운데에 막대자석을 세워. 그릇에는 수은을 채웠지.
수은은 왜?
N
S
전도성 액체, 소금물 같은 전해질인 셈이죠.

전류에 의해 생긴 전자기장은 자석의 자기장과 상호작용 해
전선이 빙글빙글 돌았죠.

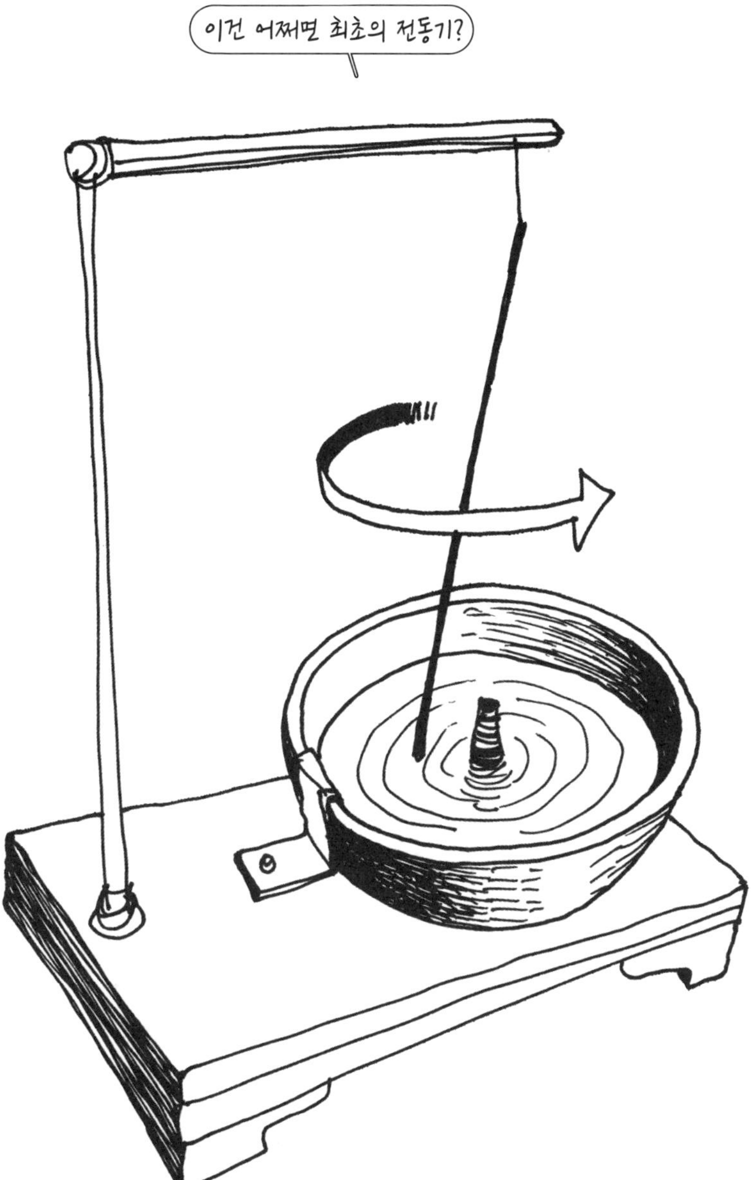
이건 어쩌면 최초의 전동기?

그후로 많은 과학자와 엔지니어의 노력으로 전동기가 개발되었지만, 패러데이의 실험이 바탕이 되었던 건 분명합니다.

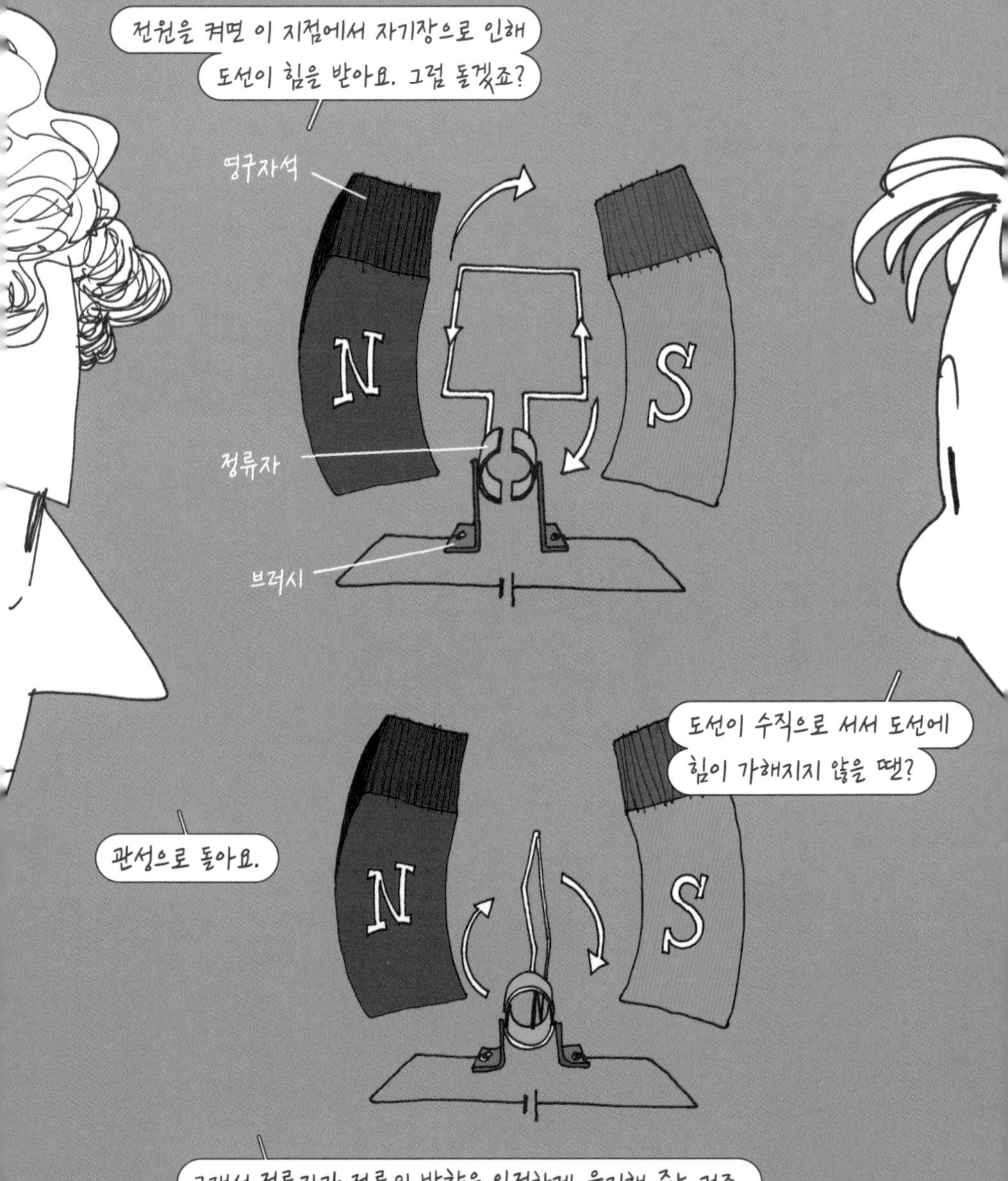
전원을 켜면 이 지점에서 자기장으로 인해 도선이 힘을 받아요. 그럼 돌겠죠?
영구자석
N
S
정류자
브러시
도선이 수직으로 서서 도선에 힘이 가해지지 않을 땐?
관성으로 돌아요.
N
S
그래서 정류자가 전류의 방향을 일정하게 유지해 주는 거죠.

그리고 전류가 만드는 자기장으로 전류를 유도하는 전자기유도 실험도 했죠.

패러데이의 유도 고리라고 불러주세요.
쇠고리에 두 가닥의 전선을 간극을 두고 칭칭 감았어요.

한쪽 도선에 전류의 공급과 차단을 반복하면 어떻게 될까요?

전류가 생겼다 말았다 반복? 그러면 자기장의 변화?
그렇죠. 자기장의 변화는 다시 반대편 도선에 전류를 만들겠죠?
자석을 움직이면 전류가 생기는 것처럼?
그런데 칭칭 감은 도선의 가닥수에 따라 유도전류의 세기가 달라져요.
이 원리는 변압기를 비롯해 오늘날 전자기 기술에 다양하게 응용되고 있어요.
패러데이의 실험이 안 쓰이는 데가 없구나.

전자기유도를 비롯한 많은 실험 연구 결과를 내놓으면서

패러데이의 명성은 높아져만 갔고,

벤젠 등 많은 기체들을 발견.
전기분해 실험으로
전기화학 반응에 관한 법칙도 발표.
자기와 빛의 관계도 연구 등….
패러데이 못 당하겠다.
워낙 실험을 많이 한대.

왕립연구소에서 열린 일반인 대상 강연에서도

청중은 그의 강연에 완전히 매료되었습니다.

패러데이! 역시! 패러데이!
너무 알기 쉽게 설명 잘 해줘.
잘난 체도 안 해.
딴 과학자들과 달라. 참 소탈해.
진심이 느껴져.
데이비보다 훨씬 나은데?

그 와중에 데이비와 소원해지는 등 우여곡절도 있었지만,

지난번 자네 전자기 회전 실험이 표절이 아닐까 의심이 가는데, 이건 결코 자네가 나보다 인기가 더 많아서 시기하는 게 아닐세.
아무리 그러셔도 전 서운하지 않네요.
그럼 당분간 유리 연구나 빡세게 하도록 하게. 전자기 실험을 할 새가 없을 정도로.
자꾸 그러시면 장담은 못 하겠네요.

말년에 데이비는 패러데이를 향한 애정과 찬사를 아끼지 않았습니다.

내가 과학자로서 이룬 것들 중 하나를 꼽으라면,
그건 바로 패러데이를 발견한 것이다.
그렇게 말씀하시니 이제 다시
전자기 실험을 하겠습니다.

평생 호사를 누리지 않는 평범한 과학자로 남기를 바랐던 패러데이가
정성을 다했던 일은 서민과 아이들을 위한 크리스마스 시즌 무료 강연이었습니다.

얘들아, 너희들 마음속에 아름다운 촛불이 있단다.
아저씨가 이 한 자루 양초가 밝히는 촛불로 화학을 가르쳐줄게.

1860년 그의 생애 마지막 강연은 1861년 《양초 한 자루의 화학사》라는 책으로 발간되어 과학을 꿈꾸는 어린이들에게 희망의 빛이 되어주었습니다.

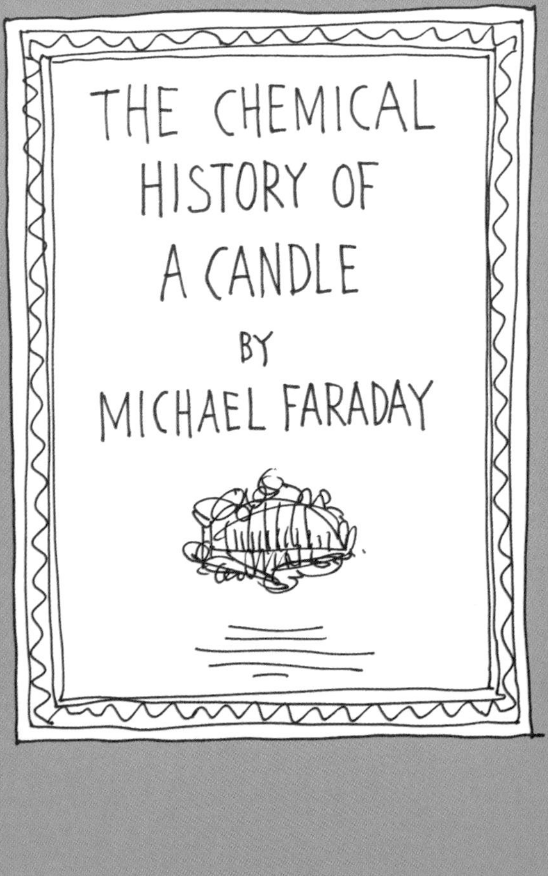
THE CHEMICAL
HISTORY OF
A CANDLE
BY
MICHAEL FARADAY

영국 파운드 지폐에는 그날의 포근하면서도 열정 넘쳤던 크리스마스 강연 모습이 그려져 있었습니다.

작가 노트

꼬마 시절부터 유난히 기차를 좋아했던 아들은 언제부터인가 기계장치에 관한 호기심을 키웠다. 특히 기관차에 왕창 끌려서 토마스 애니메이션에 나오는 모든 캐릭터의 실제 기관차 자료들을 수집했는데, 가장 애정을 가진 모델은 스티븐슨이 그의 아들과 함께 설계하고 만든 로켓호라는 데에 아들과 나는 의견일치를 보았다.

스티븐슨의 로켓호

2015. 11. 12. 일곱 살 율

이 책에 등장한 인물 및 주요 사건

토머스 뉴커먼 **1663~1729**

피터르 판 뮈스헨브룩 **1692~1761**

에발트 폰 클라이스트 **1700~1748**

1706~1790
벤저민 프랭클린
1752년 '연 실험'으로 번개가 전기를 방전하는 현상임을 발견

칼 폰 린네 **1707~1778**

1728~1799
조지프 블랙
1754년 이산화탄소 기체 발견

1731~1810
헨리 캐번디시
1766년 수소 기체 발견

1733~1804
조지프 프리스틀리
1774년 산소 기체 발견

1736~1819
제임스 와트
1769년 증기압만으로 피스톤을 작동하게 만드는 증기기관의 특허를 냄

루이지 갈바니 **1737~1798**

1743~1794
앙투안 라부아지에
1774년 질량 보존의 법칙 발견

1745~1827
알레산드로 볼타
1800년 볼타전지 발명

1754~1826 조제프 루이 프루스트

1766~1844
존 돌턴
1803년 배수 비례의 법칙 발표

1773~1829 토머스 영

1776~1856
아메데오 아보가드로
1811년 아보가드로의 가설 제창

1777~1851 한스 크리스티안 외르스테드

1778~1850 조제프 루이 게이뤼삭

1779~1848 옌스 야코브 베르셀리우스

1781~1848
조지 스티븐슨
1829년 증기기관차 '로켓' 발명

1797~1875 찰스 라이엘

1804~1865 하인리히 렌츠

1791~1867
마이클 패러데이
1831년 전자기유도 법칙 발표

이 책에 언급된 문헌들

180쪽 앙투안 라부아지에, 《화학 원론(Elements of Chemistry: In a New Systematic Order, Containing All the Modern Discoveries)》, 1789.

245쪽 존 돌턴, 《화학 철학의 신세계(A New System of Chemical Philosophy)》, 1808.

280쪽 아메데오 아보가드로, 〈물체의 기본 입자들의 상대적 질량 및 이들의 결합비를 결정하는 하나의 방법에 관한 소고(Essay on a Manner of Determining the Relative Masses of the Elementary Molecules of Bodies, and the Proportions in Which They Enter into These Compounds)〉, 1811.

337쪽 제인 마르셋(Jane Marcet), 《화학에 관한 대화(Conversations on Chemistry)》, 1805.

396쪽 마이클 패러데이, 《양초 한 자루의 화학사(The Chemical History of a Candle)》, 1861.

참고 문헌

- 구인선,《유기화학》, 녹문당, 2004.
- 김희준 외,《과학으로 수학보기, 수학으로 과학보기》, 궁리, 2005.
- 낸시 포브스 외, 박찬 외 옮김,《패러데이와 맥스웰》, 반니, 2015.
- 니콜라 찰턴 외, 강영옥 옮김,《과학자 갤러리》, 월컴퍼니, 2017.
- 데이비드 린들리, 이덕환 옮김,《볼츠만의 원자》, 승산, 2003.
- 드니즈 키어넌, 김용현 옮김,《Science 101 화학》, 이치사이언스, 2010.
- 래리 고닉, 전영택 옮김,《세상에서 가장 재미있는 미적분》, 궁리, 2012.
- 랜들 먼로, 이지연 옮김,《위험한 과학책》, 시공사, 2015.
- 루이스 엡스타인, 백윤선 옮김,《재미있는 물리여행》, 김영사, 1988.
- 리언 레더만, 박병철 옮김,《신의 입자》, 휴머니스트, 2017.
- 마르흐레이트 데 헤이르, 김성훈 옮김,《과학이 된 무모한 도전들》, 원더박스, 2014.
- 마이클 패러데이, 박택규 옮김,《양초 한 자루에 담긴 화학이야기》, 서해문집, 1998.
- 마크 휠리스 글, 래리 고닉 그림, 윤소영 옮김,《세상에서 가장 재미있는 유전학》, 궁리, 2007.
- 박성래 외,《과학사》, 전파과학사, 2000.
- 배리 가우어. 박영태 옮김,《과학의 방법》, 이학사, 2013.
- 배리 파커, 손영운 옮김,《Science 101 물리학》, 이치사이언스, 2010.
- 벤 보버, 이한음 옮김,《빛 이야기》, 웅진지식하우스, 2004.
- 브렌다 매독스, 진우기 외 옮김,《로잘린드 프랭클린과 DNA》, 양문, 2004.
- 사키가와 노리유키, 현종오 외 옮김,《유기 화합물 이야기》, 아카데미서적, 1998.
- 송성수,《한권으로 보는 인물과학사》, 북스힐, 2015.

- 아이뉴턴 편집부 엮음, 《완전 도해 주기율표》, 아이뉴턴, 2017.
- 아트 후프만 글, 래리 고닉 그림, 전영택 옮김, 《세상에서 가장 재미있는 물리학》, 궁리, 2007.
- 알프레드 노스 화이트헤드, 오영환 옮김, 《과학과 근대세계》, 서광사, 2008.
- 애덤 하트데이비스, 강윤재 옮김. 《사이언스》, 북하우스, 2010.
- 애덤 하트데이비스 외, 박유진 외 옮김, 《과학의 책》, 지식갤러리, 2014.
- 이정임, 《인류사를 바꾼 100대 과학사건》, 학민사, 2011.
- 정재승, 《정재승의 과학 콘서트》, 어크로스, 2003.
- 제임스 D. 왓슨, 하두봉 옮김, 《이중나선》, 전파과학사, 2000.
- 조지 오초아, 백승용 옮김, 《Science 101 생물학》, 이치사이언스, 2010.
- 존 M. 헨쇼, 이재경 옮김, 《세상의 모든 공식》, 반니, 2015.
- 존 그리빈, 김동광 옮김, 《거의 모든 사람들을 위한 과학》, 한길사, 2004.
- 존 헨리, 노태복 옮김, 《서양과학사상사》, 책과함께, 2013.
- 칼 세이건, 홍승수 옮김, 《코스모스》, 사이언스북스, 2006.
- 커트 스테이저, 김학영 옮김, 《원자, 인간을 완성하다》, 반니, 2014.
- 크레이그 크리들 글, 래리 고닉 그림, 김희준 외 옮김, 《세상에서 가장 재미있는 화학》, 궁리, 2008.
- Transnational College of Lex, 김종오 외 옮김, 《양자역학의 모험》, 과학과문화, 2001.
- 프랭크 H. 헤프너, 윤소영 옮김, 《판스워스 교수의 생물학 강의》, 도솔, 2004.
- 피트 무어, 이명진 옮김, 《관습과 통념을 뒤흔든 50인의 과학 멘토》, 책숲, 2014.
- 홍성욱, 《그림으로 보는 과학의 숨은 역사》, 책세상, 2012.

찾아보기

ㅈ

사이언스툰 과학자들 3

1판 1쇄 발행일 2018년 9월 27일
2판 1쇄 발행일 2023년 9월 25일

지은이 김재훈

발행인 김학원
발행처 (주)휴머니스트출판그룹
출판등록 제313-2007-000007호(2007년 1월 5일)
주소 (03991) 서울시 마포구 동교로23길 76(연남동)
전화 02-335-4422 **팩스** 02-334-3427
저자·독자 서비스 humanist@humanistbooks.com
홈페이지 www.humanistbooks.com
유튜브 youtube.com/user/humanistma **포스트** post.naver.com/hmcv
페이스북 facebook.com/hmcv2001 **인스타그램** @humanist_insta

편집주간 황서현 **편집** 박나영 **디자인** 박인규
용지 화인페이퍼 **인쇄** 삼조인쇄 **제본** 해피문화사

ISBN 979-11-7087-050-0 04400
ISBN 979-11-7087-047-0 (세트)